普通高等教育"十四五"规划教材·氢能系列

中国石油和石化工程教材出版基金资助项目

氢燃料电池

Hydrogen Fuel Cell

王茜 宋焕巧 周蕾 靳殷实 王晓东 编

中国石化出版社

·北京·

内 容 提 要

本书为氢能系列教材之一，根据新能源科学与工程专业人才培养方案及氢能企业对高级应用型人才的要求结合氢燃料电池最新的研究内容与应用现状进行编写，共分为8章，主要内容包括：绪论、燃料电池工作原理、氢燃料电池类型、燃料电池的结构与材料、燃料电池水热管理、燃料电池系统、燃料电池应用、燃料电池发展现状及前景等。

本书是新能源科学与工程氢能方向的专业课教材，亦可作为从事加氢站设计和加氢站技术管理的各类业务人员的参考书。

图书在版编目(CIP)数据

氢燃料电池 / 王茜等编. --北京：中国石化出版社，2025.3. --(普通高等教育"十四五"规划教材).

ISBN 978-7-5114-7667-8

Ⅰ. TM911.42

中国国家版本馆CIP数据核字第2024LS2300号

中国石化出版社出版发行

地址:北京市东城区安定门外大街58号

邮编:100011　电话:(010)57512500

发行部电话:(010)57512575

http://www.sinopec-press.com

E-mail:press@sinopec.com

北京科信印刷有限公司印刷

全国各地新华书店经销

*

787×1092毫米16开本10.25印张238千字

2025年3月第1版　2025年3月第1次印刷

定价:36.00元

《氢能技术与应用系列教材》编委会

(以姓氏笔画为序)

序

2020年，在第75届联合国大会一般性辩论上我国明确提出“双碳”战略目标：“中国将力争2030年前实现碳达峰、2060年前实现碳中和。”2021年，“碳达峰”和“碳中和”被写入全国两会《政府工作报告》，发展清洁低碳能源已成为我国能源战略的主体。在众多新型能源中，氢能来源广泛、清洁无碳的特点为“双碳”战略目标的实现提供了有力保障。2022年5月，国家发展改革委、国家能源局按照《氢能产业发展中长期规划（2021—2035年）》部署，研究推动氢能多元化应用，为重点领域深度脱碳提供支撑，从国家层面加快出台相关鼓励氢能产业链发展的顶层设计，明确了氢能是未来国家能源体系重要组成部分，是用能终端实现绿色低碳的重要载体。

面对氢能人才的迫切需求，2022年4月，教育部印发了《加强碳达峰碳中和高等教育人才培养体系建设工作方案》，将加快储能和氢能相关学科专业建设放在“双碳”领域三大紧缺人才的首位，并提出要以大规模可再生能源消纳为目标，推动高校加快储能和氢能领域人才培养，服务大容量、长周期储能需求，实现全链条覆盖。

北京石油化工学院坐落于北京市大兴区，办学宗旨是立足北京、面向全国，全力打造新时代首善之区工程师摇篮，努力建成具有特色鲜明的高水平应用型大学。2019年获批新能源科学与工程专业以来，学校审时度势、周密论证，于2021年以大兴区建设世界一流的“大兴国际氢能示范区”为契机，最终确定了“以氢能为特色，其他新能源为补充”的专业办学思路，出台了以氢能为特色的人才培养方案。图书市场现有氢能相关书籍多以氢能科普和专著为主，无法满足高等学校氢能全产业链的人才培养需求，我校联合西安交通大学、华北电力大学、中国石油大学（华东）、天津大学、湖南理工学院等高校，中国科学院理化技术研究所、中国航天科技集团公司一院十五所等研究所，以及深圳市燃气集团股份有限公司、中石化巴陵石油化工有限公司、北京天海工业有限公司、北京久安通氢能科技有限公司、京辉氢能集团有限责任公司、北京中科致远科技有限公司等企业提出了国内首套《氢能技术与应用系列教材》的编写计划。

该套教材共8本，即《氢能概论》《制氢工艺与技术》《储氢工艺及设备设计》《纯氢及掺氢天然气输送技术与管理》《加氢站设计与管理》《氢燃料电池》《氢安全技术及其应用》及《新能源专业英语》。经过一年的准备工作，2022年5月成立了由来自6所高校、2家研究所和多家领军企业共43位专家组成的氢能系列教材编委会。随后，按照“顶层规划、教授挂帅、企业合作、内练师资”的原则，迅速有序地展开了各部教材的编写工作。

该套教材在内容规划、编写原则、受众定位等方面都进行了充分论证，总体而言具有以下主要特点：

(1) 定位明确，特色鲜明

本套教材定位于培养氢能领域高级应用型工程技术人员，既可为新能源科学与工程、氢能科学与工程、储能科学与工程、智慧能源工程等本科专业提供人才培养基本支撑，又可为从事氢能研究的技术人员提供参考。整套教材知识体系上前后递进、序贯相接，强调基础理论知识的工程应用，体例统一，具有鲜明的特色。

(2) 内容系统，与时俱进

涵盖“制氢—储氢—输氢—用氢—安全”的氢能全产业链，根据学科支撑规律有效衔接各门课程之间关系，与氢能企业技术创新紧密结合，整套系列教材形成一套完整、系统、反映氢能领域科技新成果的知识结构体系。

(3) 注重实践，应用性强

面向氢能企业对高级应用型人才的迫切需求，着眼于增强教学内容的联系实际和灵活运用，以大量章节习题训练为落脚点，理论与实践相结合，培养具有大工程观的高级应用型人才。

(4) 思想引领，价值启迪

正面客观展现我国在氢能领域的科技实力，引导学生致力于科技创新，为国家科技进步、建设绿色家园奋斗；与时代所遇的问题紧密结合，育心育德，价值引领，培养具有爱国情怀的新世纪人才。

最后，感谢参加本系列教材编写和审稿的各位老师及企业专家付出的大量卓有成效的辛勤劳动。由于编写时间仓促，书中难免存在一些不足和错漏。我们相信，在各位读者的关心和帮助下，本系列教材一定能不断地改进和完善，对助力氢能人才培养，推进氢能学科建设，促进氢能产业发展，推动“双碳”战略目标的实现有一定的促进作用。

编委会

2023年3月

前　言

本教材是北京石油化工学院组织编写的国内首套氢能系列教材之一，根据新能源科学与工程专业人才培养方案及氢能企业对高级应用型人才的要求进行编写，目的是让读者能够从“制氢—储氢—输氢—用氢—安全”的氢能全产业链视角，结合最新的研究及应用现状，从整体上把握氢能产业的主要内容及发展重要性。在编写过程中，注重氢能产业链各环节典型应用场景及应用案例的采编，内容全面新颖。

本教材对氢燃料电池的基本原理和技术应用进行了详细介绍，每章节附有习题，加强实践与理论相结合的思维能力及思维习惯的培养，促进读者对“双碳”目标及其实现途径的了解，养成节能环保意识。本教材既可作为高等院校新能源专业教材，供教师、硕博士研究生、本科及高职学生使用，也可作为新能源及相关领域科研与管理工作者的参考书。

本教材共分为 8 章，主要内容包括绪论、燃料电池工作原理、氢燃料电池类型、燃料电池的结构与材料、燃料电池水热管理、燃料电池系统、燃料电池应用、燃料电池发展现状及前景。在本教材编写和出版过程中，得到了北京石油化工学院宇波教授、北京石油化工学院黄龙教授、机械工程学院及学校教务处领导、华北电力大学徐超教授等专家的大力支持和帮助。他们在本教材编写过程中提出了宝贵的意见，在此一并表示感谢！

此外，本教材还得到科技部和教育部的支持，感谢国家重点研发计划“氢能技术”重点专项（2021YFB4001602）和 2021 年教育部产学合作协同育人项目（202102126001）的资助。

由于本教材内容涉及领域广，加之编者水平有限，时间紧迫，教材中难免有不足之处，敬请读者批评指正。

编者

2024 年 12 月

目　　录

第1章　绪论

1.1　能源、环境与氢能利用

1.1.1　能源与环境

能源是国家经济发展的动力，也是衡量综合国力、文明发展程度和人民生活水平的一项重要指标。纵观人类社会发展史，每一次能源革命都会给人类社会生产力带来极大的进步。人类社会进步的历史表明，能源技术的每一次创新、突破都对生产力的发展和社会的变革具有重大而深远的意义。这既证明了能源科技内涵的活力，也证明了它对形成新兴产业的重要作用。

能源的生产、消费和全球性的气候变化，与地球上的温室效应有着密切的关系。温室效应一半以上来自全球目前的能源体系，即含碳化石燃料燃烧后所释放的 CO_2。这类燃料所提供的能量约占世界能源总量的 4/5，而且目前每年还以 3% 的幅度在持续增长，CO_2 排放量也以同样的速度递增。因此，提高能源的利用率和发展新型无污染替代能源将成为 21 世纪的主要议题。

人类社会发展至今，绝大部分的能量转化均是通过热机过程来实现的。热机过程受卡诺循环的限制，不但能量转化效率低，造成严重的能源和资源的浪费，而且会产生大量的粉尘、CO_2、硫化物和氮氧化物等有害物质，同时也会产生大量的噪声和污油、污水。由此造成的大气、水质、土壤等污染，严重威胁着人类的生存环境。

随着人们的生产生活水平不断提升，越来越多国家认识到环境污染问题的严重性和重要性，世界各国开始采取措施保护环境，进行节能减排等。碳中和目标是中国特色社会主义现代化强国建设目标的重要内容，对实现中国经济高质量、可持续发展，应对全球气候变化、构建人类命运共同体都具有深远意义。由于中国资源禀赋特征，中国能源结构碳排放居高难下，这对碳中和目标的实现形成了极大的挑战。因此，实现碳中和目标的首要任务便是推进中国能源结构转型，构建多元化清洁能源体系。

近年来，全球能源供应压力不断加剧，能源结构不平衡，导致能源短缺问题日益显现，环境污染问题日趋严重，能源转型迫在眉睫。随着社会的发展、人们思想形态的转变和环保意识的提高，可再生能源在能源使用中所占比例越来越高，这一定程度上缓解了能源供应的压力。然而，目前可用的可再生能源(如风能和太阳能)并不是在任何场合下都能适用，很多时候成本并没有降低，并且效益不高。我国新能源与环境产业历经“十二五”时期的技术验证，到"十三五"时期的示范推广，从技术到应用已经为规模化发展打好基础。国家发展和改革委员会和国家能源局在2016年连续发布《能源技术革命创新行动计划(2016—2030年)》和《能源生产和消费革命战略(2016—2030)》，明确将作为能源革命核心节点和瓶颈的储能技术提升到国家战略层面，作为能源领域的最重要和优先发展方向，增强产业关键核心技术攻关和自主创新能力。随着政策和市场机制的建立和完善，产业将实现爆发式增长，我国将成为全球第一大新能源市场。于是，更绿色、环保、低碳的氢能成为首选。

1.1.2 氢能的主要特点

(1)氢能的特点

近年来，随着全球经济迅速发展、能源消耗速度急剧攀升，以石油、天然气、煤炭为主体的传统化石能源储量锐减，温室效应及环境污染问题日益加剧，世界各国对于清洁、低碳、可持续发展的新型替代能源的开发利用迫在眉睫。其中，氢能作为优质的可再生清洁能源载体，具备清洁、零碳、无污染、储能密度高(142kJ/g)、来源广泛且应用形式多样等优势，被评为"21世纪最理想的新型能源"，具有广阔的应用前景。氢能作为二次能源，必须从一次能源转换得到，再运输至用能终端，转化为电力、热能或机械动力。因此，氢能主产业链可概括为氢气制取、氢气储运、氢气使用三个环节。氢是清洁、高效的能源，是新能源研究的热点，它将取代化石燃料成为未来不可或缺的能源利用技术。

作为一种重要的新型能源，氢能有如下特点：

1)氢的燃烧性能好，点燃快，与空气混合时有宽泛的可燃范围，且燃点高，燃烧速度快；

2)氢自身无毒，与其他燃料相比，氢燃烧时除生成水和少量氮化氢外，不会产生诸如CO、CO_2、碳氢化合物、铅化物和粉尘颗粒等污染物质，少量的氮化氢经过适当处理也不会对环境造成污染，且燃烧时生成的水还可继续制氢，循环利用，因此氢是一种非常清洁的燃料；

3)氢的利用形式多，既可以通过燃烧产生热能，通过热力发动机转化为机械功，又可以用于燃料电池，或转化成固态氢用作结构材料，用氢代替目前的煤和石油，无须对现有的装备做重大的改造，在许多场合下只需对现在的内燃机稍加改装即可使用；

4)氢的应用环境广，可以气态、液态的形式出现，也可以固态金属氢化物的形式出现，因此氢能适应储存、运输及各种应用环境的不同要求。

(2)我国氢能产业发展的特点

氢能产业，无论从氢的制造、运输和储存，还是氢作为能源利用方面都还属于萌芽状态的产业。目前，我国氢能产业发展表现出如下三个特点。

1)我国氢气产业基础较好，为氢能产业发展创造了良好条件。

我国存在着一个以化石能源制氢和工业副产氢回收的生产和非能源利用的"氢气产业"，并且这一产业已经有相当规模。据中国煤炭工业协会统计数据，2012—2020年，中国氢气产量整体呈稳步增长趋势，年产量从1600万t增加到2500万t，是世界第一大产氢国。其中，中国石化和国家能源集团是国内氢气产量最大的两家企业。2020 年，中国石化氢气年生产量达 350 万 t，占全国氢气产量的 14%；国家能源集团年生产 400 万 t，占氢气总体产量的 16%。此外，2020 年，我国金属储氢材料产销量已超过日本，成为世界最大储氢材料产销国。

尽管我国氢气产业发展较快，但是我国“氢能”产业发展还处于初级阶段。目前 2500 万 t氢气产量中，仅有 1% 左右作为能源使用。但我国氢气产量和储氢材料产销量世界第一，为我国氢能技术开发利用和氢能产业发展创造了有利条件，主要表现在：

第一，我国氢燃料电池汽车产销量及加氢站数量居世界前列。与电动汽车相比，全球氢燃料电池汽车产业发展还处于萌芽阶段。根据中国汽车工业协会提供的数据，2020 年全球共销售氢燃料电池汽车 9006 台。其中韩国是全球最大的氢燃料电池汽车销售市场，销量为 5823 台；中国则是全球第二大氢燃料电池汽车销售市场，销量为 1177 台。截至 2020 年底，中国的氢燃料电池汽车保有量仅次于韩国和美国，居全球第三。韩国是全球唯一氢燃料电池汽车保有量超过 1 万辆的国家。从氢燃料电池汽车的加氢站数量看，2020 年日、德、中三个国家加氢站共有 311 座，占全球总数的 56%，其中中国加氢站为 69 座，居全球第三。

第二，氢能源作为技术密集型行业，有着极高的技术要求。

尽管我国氢能产业链的一些关键技术与国际先进水平还有差距，但近年来我国氢能利用技术研发能力有了长足进步。

早期，我国氢能源相关技术的研发较为缓慢，专利年申请量不足百件。自 2015 年开始，国内氢能源专利申请数量迅速攀升。根据知识产权产业媒体 IPR daily 与 incoPat 创新指数研究中心联合发布的“2020 上半年全球氢能产业发明专利排行榜(TOP100)”全球前 100 名企业中，中国石化的氢能产业发明专利申请数量(434 件)位列第一，远高于其他企业。入榜的前 100 名企业主要来自 13 个国家和地区，中国占比 45%，日本占比 15%，美国占比 13%，德国占比 7%，英国和韩国各占比 4%。

为推进氢能技术发展及产业化，2018—2020 年，国家重点研发计划启动实施“可再生能源与氢能技术”重点专项。其中，科技部通过该重点专项部署了 27 个氢能研发项目，研发经费投入约 5 亿元。从重点转向分布的产业链环节来看，下游应用是氢能源 2018—2020 年研发任务的重点，其次是制氢和储氢技术。在 2018—2020 年国家重点研发项目中，燃料电池技术类有 14 个，占总项目的 51.9%；制氢技术类 5 个，占比 18.5%；储氢技术类 6 个，占比 22.2%；加氢站技术类 2 个，占比 7.4%。2021 年，科技部更加重视重点专项研发项目分布的均衡性。在 2021 年 2 月 1 日发布的《关于对“十四五”国家重点研发计划“氢能技术”等 18 个重点专项 2021 年度项目申报指南征求意见的通知》中，重点专项研发项目在燃料电池技术类、制氢技术类和储氢技术类的分布比例各为 32%。

2)我国氢能产业发展的政策框架进一步完善。

在 2006 年国务院发布的《国家中长期科学和技术发展规划纲要(2006—2020 年)》所确定的发展重点中，“氢能及燃料电池技术”被列为国家重点发展的一种先进能源技术。不过，这主要停留在科学研究层面，直到 2012 年国务院发布《节能与新能源汽车产业发展规划(2012—2020年)》和2014年国务院办公厅发布《能源发展战略行动计划(2014—2020年)》，国家才正式将“氢能与燃料电池”作为能源科技创新战略的一个方向。

2020年以来，我国出台了一系列氢能相关政策，使我国氢能产业发展政策框架得以进一步完善。主要表现在三个方面：

①发布政策文件的政府部门和机构多。包括财政部、工信部、科技部、国家发展改革委、司法部、国家能源局、国务院关税税则委员会、国家标准化管理委员会等。很多政策文件都是两个以上的部委局联合制定发布，这表明氢能产业发展已经上升为国家战略，引起相关部委局的高度重视。

②政策文件涵盖了影响氢能产业的各个方面。既包括氢能产业发展规划与布局，也包括制氢、储氢、燃料电池、加氢站等产业链各环节，还包括氢能技术研发支持重点、氢能支持项目申报流程和评价方法等，使我国氢能支持政策的系统性和严谨性得到极大改善。

③政策手段以政府规划指导和财政补贴为主。同时，通过推动产业发展技术标准的制定引导产业良性竞争，通过降低部分氢能产业链关键进口零部件关税等方式支持国内氢能设备制造业的发展。到目前为止，我国已经发布实施氢能和燃料电池技术、应用、检测、安全相关的国家标准80项，行业标准约40项。这些技术规范和标准对氢能和氢燃料电池汽车规范发展起到了积极的推动作用。

3)各地氢能产业发展以燃料电池汽车为主导方向。

除了国家层面的战略重视外，全国31个省(自治区、直辖市)均发布了氢产业发展的相关政策。有的地方是在该省的“十四五”规划与2035年远景目标纲要这样的综合性政策规划文件中对氢能发展做出部署和规划，如安徽、湖南、云南、黑龙江、陕西等省；有的地方则在综合性规划文件之外，发布了专门的氢能源相关专项政策或规划，如北京、山东、河北、天津、四川、浙江、宁夏等省(自治区、直辖市)；一些省市则通过氢燃料汽车等相关政策规划发布氢能源产业建设目标。

从主要省(自治区、直辖市)氢能产业发展规划所制定的目标可以清晰地看出，燃料电池汽车及其产业链是各地发展氢能的主因，甚至是唯一选择。表1－1中列举的13个省(自治区、直辖市)中，除了宁夏以外，其余省(自治区、直辖市)的氢能产业规划都具体为氢燃料电池汽车的生产或推广目标，其中还有两个省(山东和浙江)规划了氢燃料电池发动机产能目标。对于氢能在其他领域的应用则没有涉及。

表1－1　我国主要地区氢能产业发展目标

省(自治区、直辖市)	规划时间	产业规模	企业数量	燃料电车产量	推广/应用燃料电池车	加氢站(累计)	燃料电池发动机产能
北京	2023年	500亿元(京津冀)	5~8家龙头企业	—	3000辆	37座	—
	2025年	1000亿元(京津冀)	10~15家龙头企业	—	10000辆	72座	—
山东	2022年	200亿元	100家相关企业	5000辆	3000辆	30座	20000台
	2025年	1000亿元	10家知名企业	20000辆	10000辆	100座	50000台
	2030年	3000亿元	一批知名企业	50000辆	50000辆	200座	100000台

续表

省(自治区、直辖市)	规划时间	产业规模	企业数量	燃料电车产量	推广/应用燃料电池车	加氢站(累计)	燃料电池发动机产能
河北	2022 年	150 亿元	—	—	2500 辆	20 座	—
	2025 年	500 亿元	10 ~ 15 家领先企业	—	10000 辆	50 座	—
	2030 年	2000 亿元	5 ~ 10 家龙头企业	—	20000 辆	100 座	—
河南	2023 年	—	30 家相关企业	—	3000 辆	50 座	—
	2025 年	—	—	—	5000 辆	80 座	—
重庆	2022 年	—	6 家相关企业	—	800 辆	10 座	—
	2025 年	—	15 家相关企业	—	1500 辆	15 座	—
天津	2022 年	150 亿元	2 ~ 3 家龙头企业	—	1000 辆	10 座	—
四川	2025 年	初具规模	25 家领先企业	—	6000 辆	60 座	—
浙江	2022 年	100 亿元	—	1000 辆	1000 辆	30 座	10000 台
上海	2023 年	1000 亿元(燃料电池车)	—	—	10000 辆	30 座	—
	2025 年	—	—	—	10000 辆	70 座	—
江苏	2021 年	500 亿元	1 ~ 2 家龙头企业	2000 辆	—	20 座	—
	2025 年	—	—	10000 辆	—	50 座	—
广东	2022 年	—	—	—	燃料电池车示范运行	300 座	—
内蒙古	2023 年	400 亿元	3 ~ 5 家龙头企业	—	3830 辆	60 座	—
	2025 年	1000 亿元(燃料电池汽车)	10 ~ 15 家龙头企业	—	10000 辆	90 座	—
宁夏	2025 年	—	一批相关企业	—	—	1 ~ 2 座	—

氢是具有许多独一无二特性的优质能源，是最轻、最高效、最洁净的燃料。氢独有的特性之一是在燃料电池里，通过电化学过程将氢转换为电的效率，比化石燃料在内燃机里转换为机械能或者在热电厂里转换为电能的效率高。氢的这一独有特性已使汽车厂家选择将氢燃料电池作为车用动力源，它还会使电力公司选择将燃料电池作为未来的电厂。

燃料电池的最佳燃料为氢。当地球上化石燃料逐渐减少时，人类赖以生存的能量将是核能和太阳能。那时，可用核能、太阳能发电，以电解水的方法来制取氢。利用氢作为载能体，采用燃料电池技术将氢与大气中的氧转化为各种用途的电能，如汽车动力、家庭用电等，那时的世界即进入氢能时代。

综上所述，氢是一种非常理想的新型含能体能源，但要利用氢能必须先制备氢和储运氢。因此氢的规模制备是氢能应用的基础，氢的规模储运是氢能利用的关键，氢燃料电池汽车是氢能应用的主要途径和最佳表现形式，这三方面只有有机结合才能使氢能迅速走向实用化。

1.1.3 氢能的开发与运输

氢能从定义上是指氢元素经物理和化学变化释放的能量，即氢的化学能。氢能主要是指以化合态形式存在的氢。氢是宇宙中分布最广泛的物质，然而，氢能属于二次能源，它可通过化石燃料、太阳能、生物等多种方式获得。另外，氢燃烧所生成的物质对环境没有任何污染，被认为是最清洁的可再生能源，亦被称为“终极能源”。

氢能的发展和产业化过程涉及氢的生产、储存、运输、应用等多个环节，而氢能的开发和利用前景如何直接决定了氢能能否进行大规模和商业化模式发展。

(1)氢能的开发技术

氢能的开发是指氢能的制取方式，归结起来主要有以下几种：

1)通过电解水制取氢气。这是一种很常见的办法，但电解水需要很高的能源消耗，且制取的氢含量极小，不适合大规模制氢。

2)通过化石燃料(如煤或者天然气)来制取氢气。在化石燃料制取氢气的情况下，保护环境成了很大的难题。在使用化石燃料制取氢时，会有大量的氢气流失，利用率很低。而且氢气在运输过程中，也会有氢气流失，这使得能量不能被充分利用，也会使化石燃料的消耗增加。

3)通过其他产品的副产物制取氢气。据统计，中国有很大部分的氢是来自副产物中的，这些氢大多数都直接排放到大气中，合理利用氢是当今研究人员的重点。尽管氢燃料电池的来源十分广阔，但是在燃料罐中储存氢气也具有巨大的经济和安全挑战。

4)核能制氢。随着核能技术的发展，利用核能制取氢气逐渐进入了科学家的视野，未来核能－氢能系统将采用第四代核能反应堆，即高温气冷堆与制氢技术耦合，可以保证制氢技术的高效和整个流程的清洁、无污染。

目前，中国氢气供给结构中约77.3%来自化石能源制氢，21.2%来自工业副产氢，仅1.5%由电解水制氢提供。根据中国氢能联盟对未来中国氢气供给结构的预测，中短期来看，中国氢气来源仍以化石能源制氢为主，以工业副产氢作为补充，可再生能源制氢的占比将逐年升高。到2050年，70%左右的氢由可再生能源制取，20%由化石能源制取，10%由生物制氢等其他技术供给。

(2)氢储运关键技术

氢气的储存和运输，简称“氢储运”。按照运输距离的不同可以分为长距离氢储运和短途氢储运。

1)长距离氢储运

①加压气氢储运

氢气在常温常压状态下密度较低(约为0.0899g/L)，单位体积能量密度也非常低，因此为提高氢气能量储存密度、降低运输成本、提高运输效率，通常采取对氢气加压、压缩体积后以气态储存于特制容器运输的方式进行高压气氢(GH_2)储运。根据氢气存储压力不同，又可分为低压气氢储运($<35MPa$)及高压气氢储运($\geq 35MPa$)。

②低温液氢储运

尽管通过对氢气加压、压缩体积后高压氢气能量储存密度有所提升，但远远无法满足大规模实际需求，因此为进一步提高储能密度，将氢气低温冷却至液化温度以下使其以液态进行储存和运输，即为低温液氢（LH_2）储运。液氢，既可作为氢能储运的中间载体，也可直接作为优质低温、高含能液态燃料利用，标准大气压（0.1MPa）下，液氢沸点为-253℃，密度为76.98g/L（是氢气的856倍）。

③固氢储运

通过固体储氢材料将氢气物理吸附或与之发生可逆化学反应等方式，完成氢能储存、释放以及运输的方法即为“固氢”（SH_2）储运技术。其中，储氢材料是实现固氢储运的关键，需要使氢气被高效吸附/释放或者与之发生充分、可逆的化学反应。根据固体材料储氢原理不同，固氢储运主要可分为物理吸附（碳质材料吸附）储氢、金属（或合金）氢化物储氢及其他固态储氢，是未来氢能储运的重要研究方向。

④有机液氢储运

通过不饱和烃类（如苯、甲苯、萘类等）和对应的饱和烃类（如环己烷、甲基环己烷、四氢或十氢萘等）与氢气发生可逆反应（加氢与脱氢反应）来实现氢能储放的方法即为有机液氢（LOHC）储运技术。

⑤天然气掺氢管道输送

从氢能规模化、长远发展看，高压气氢、低温液氢输运方式远远不能实现氢能的规模化及大面积区域辐射，管道输运是未来发展的必然趋势。目前，一方面纯氢管道输送在国外部分地区有所应用，但这种管道系统造价高昂，难以满足氢能快速发展的需求；另一方面，利用已建设的天然气输配管网与基础设施进行天然气和氢气混合输送，也可经改造后输送纯氢，可实现低成本、规模化、连续性氢能供应。因此，利用现有成熟的天然气管网及配套设备实现天然气掺氢输运是未来最理想的可行性方案。

2）短途氢储运

短途储氢主要是指国外进口到岸氢和国内自产氢的储运问题。目前短途氢储运技术相对成熟，主要是采用高压长管拖车将氢气配送至加氢站，再与加氢设施对接为车辆注氢，技术运行相对可靠。

1.1.4 氢能的利用

氢气可以通过氢燃料电池或燃气轮机转化为电能和热能，是高能量密度的能源载体；同时氢气也是重要的化工原料和还原性气体，被广泛应用于各个领域。传统利用方式是作为石油化工原料，例如炼油过程中的加氢反应，丙烷脱氢合成氨、甲醇等，这也是氢用量最大的方式。此外，在冶金工业、电子工业、食品工业、玻璃产业等领域也有应用。近年来，作为新能源，氢能将是未来氢动力汽车燃料电池、氢能发电的新兴燃料。

（1）交通行业

氢动力汽车是以氢气作为发动机的燃料，代替传统汽油，已通过美国、日本及德国等国家汽车产业的试验，技术方案是可行的，但是面临氢成本较高的阻碍。燃烧每千克氢能够产生33.6kW·h的能量，具有较高的效能，约为汽油燃烧的2.8倍。氢气在具有高热值的同时，很低的能量就能点燃，火焰具有较高的传播速度，因此氢动力汽车具有较高的燃料利用效率，比汽油汽车高约20%。除此之外，氢气燃烧基本不含有碳氢化合物，也不会产生污染环境的气体，主要生成物是水，因此氢能汽车环境友好，是理想的交通运输工具。

供氢在氢动力汽车中十分重要，储氢材料是金属氧化物，发动机冷却水再加上尾气产生的热来释放氢气。现阶段，氢能汽车主要有两种模式：一种是纯氢汽车；另一种是汽油和氢气混合燃烧的掺氢汽车。掺氢汽车一般是稍加改变汽车的发动机，便可以减少排放污染尾气，同时燃料整体的利用率也大大提高。鉴于目前氢气成本较高，一般多为掺氢汽车，未来纯氢汽车将越来越受欢迎。

另外，氢燃料电池也可以作为电动汽车的动力，可以实现车辆使用端的零碳排放。相比其他电动交通工具，氢动力可以实现更长续航，在低温环境下有很好的适应性能，同时氢气加注速度远高于充电速度。因此，氢动力在货用卡车、长途汽车应用中有着无可比拟的优势，氢动力叉车凭借其灵活性和快充性已实现推广使用。氢动力飞机、氢动力船舶以氢代替传统燃油，在保证续航和载重能力的同时，更加清洁环保，相关研究正在如火如荼地进行中，目前全球已有少量示范案例。此外，氢动力在使用过程中仅产生水，且避免了噪声和高温的产生，是军事交通的优选动力来源。作为低温推进剂，液氢在航天领域已有多年应用历史。关于氢能在交通领域的发展规划，目前主要聚焦于陆上车辆。

(2)工业领域

在工业领域，氢气是重要的化工原料，合成氨、甲醇以及原油提炼等，均离不开氢气。用绿氢代替传统灰氢，发展绿色化工，是化工行业碳减排的重要途径。另外，氢气还是重要的工业还原气体。在电子工业中，芯片生产需要用高纯氢气作为保护气，多晶硅的生产需要氢气作为生长气。目前国内多晶硅生产工艺中，氢气消耗量为500～1500$Nm^3/t(Si)$。随着信息技术和光伏产业的发展，电子工业对氢气的需求量持续增长。在钢铁行业，用氢气直接还原法代替碳还原法，是降低炼钢行业碳排放量的有效手段，在国内外已有少量示范项目。

在发电领域，火电、风电及水电等，都是由电厂发电，经过电网输送后到达终端用户使用。由于用户用电有时是高峰有时是低谷，因此用电负荷是不规律的。而氢能发电能够很好地解决这个问题，氢能发电站相对灵活，能够快速启动，具有良好的调峰作用。还有一种氢氧发电机组，其原理是燃烧氧气和氢气，可以用在火箭身上，不需要蒸汽系统，内燃发动机加上发电机即可，具有简单的结果，能够实现快速启停，也能便于修理。氢能发电具有调峰作用的同时，还可以通过对火电机组运行状况的改变，将发电能力提高。未来，随着传统发电污染严重、占地面积大等问题不断凸显，氢能发电等新能源发电的应用将越来越广泛。

(3)其他行业

除了交通行业和工业，氢气在其他行业也有巨大的应用潜力。在电力行业，氢能发电，可以用作备用电源、分布式电源、为电网调峰。在建筑行业，一方面，天然气掺氢用作家用燃料，可以降低燃气使用碳排放强度；另一方面，氢驱动的燃料电池热电联供系统，为建筑物供电供热，综合能源利用效率超过80%。日本氢能小镇、中国－氢能进万家示范工程，对居民建筑行业的节能减排具有重大示范作用。此外，在医疗领域，氢气也被证实有去除氧化基、治疗氧化损伤等功能。在食品工业，也常常用氢气实现油脂氢化，以提高油脂的使用价值。

除此之外，化石能源越来越少，随着氢能利用的发展，氢能将逐渐代替化石能源，未来将从大城市开始，氢气通过管道，进入每家每户，像天然气一样，入户后接通厨房灶具、热水器等用气设备，同时可以与家庭内充氢设备相连，给氢能汽车补充能量。有了入户的氢能管道，可以代替天然气、煤气、电力管线等，汽车也不用到加油站加油。未来，家庭用氢系统，不仅清洁方便，也使生活环境更加舒适。作为替代传统化石能源的新能源，氢能的安全性受到人们的高度重视。从原理方面来看，氢气泄漏或燃烧时，能很快在空气中扩散，在空气中垂直上升很快消失，因此是比较安全的。另外，氢气不含有放射性，本身也是无毒的，燃烧后产物是水，对温室效应没有影响，也不会伤害人体。

1.2 燃料电池发展历史

1.2.1 燃料电池的出现

燃料电池发电是一种等温的电化学方式、不经过热机的过程，不受卡诺循环的限制。燃料电池是绝大部分人认可的清洁能源，它能使一些物质的化学能转化为电能，且在转化过程中具有清洁无污染、耗费能源少、维护工作量小的特点。这种新型的发电方式被誉为是一种继传统发电方式后的第四代发电技术。1839年，格罗夫发表了世界第一篇有关燃料电池研究的报告。1842年，他研制的气态伏打电池(gaseous voltaic cell)，用镀制的铂作电极，以氢为燃料，氧为氧化剂，实现了氢气与氧气反应发电。他指出，强化气体、电解液与电极三者之间的相互作用是提高电池性能的关键。

1.2.2 氢燃料电池的发展

1889年，蒙德和朗格尔采用浸有电解质的多孔材料为电池隔膜，铂黑为电催化剂，钻孔的铂或金片为电流收集器组装出燃料电池。该电池以氢与氧为燃料和氧化剂。当工作电流密度为3.5mA/cm^{2}时，电池的输出电压为0.73V，这种电池结构已经接近现代的燃料电池。

此后，奥斯瓦尔德发表了关于燃料电池的效率可以不受卡诺循环限制的理论，燃料电池可以更高效、安静、无污染地直接获得电能，与热机相比有巨大优势。

英国工程师培根在1932年与1952年陆续完成了5kW中温(200℃)“培根型”碱性燃料电池的构建和优化，他提出了双孔结构电极的概念，并将非贵金属催化剂和自由电解质成功应用到燃料电池中。

20 世纪 60 年代初，美国通用电气公司研制出以离子交换膜为电解质隔膜，采用高铂黑担载量电催化剂的质子交换膜燃料电池，并于 1960 年 10 月首次将燃料电池用作双子星(Gemini)飞船的主电源。而在阿波罗计划登月飞行中，采用了中温碱性燃料电池。

进入 20 世纪 70 年代，由于燃料电池在航天飞行中的成功应用和世界范围内能源危机的出现，提高燃料有效利用率的呼声日益高涨。人们认识到，化石燃料经过重整或气化转化为富氢燃料之后也可用于燃料电池发电，提高了燃料有效利用率。在这一时期，各国研究和发展的重点是以净化重整气为燃料的磷酸燃料电池和以净化煤气、天然气为燃料的熔融碳酸盐燃料电池。至今已有近百台 PC25 磷酸燃料电池电站(200kW)在世界各地运行，研究表明，磷酸燃料电池的运行高度可靠，能作为各种应急电源和不间断电源使用。在此期间，熔融碳酸盐燃料电池也有了很大的发展，目前已有 2MW 实验电站在运行。固体氧化物燃料电池采用固体氧化物膜作为电解质，工作温度为 800 ~ 1000℃，可直接采用天然气、煤气和碳氢化合物作为燃料，余热与燃气、蒸汽轮机构成联合循环发电。

20 世纪 60 年代初，杜邦公司开发了含氟的磺酸型质子交换膜。通用电气公司采用这种膜组装的质子交换膜燃料电池，运行寿命超过了 57000h。1983 年，加拿大国防部斥资支持 Ballard 动力公司进行燃料电池研究。在各国科学家的努力下，相继解决了电极结构立体化与大幅度降低催化剂的铂用量、膜电极组件(Membrane Electrode Assembly，MEA)的热压合，以及电池内水传递与平衡等一系列技术问题。2005 年，德国的燃料电池辅助动力潜艇正式服役。

美国、德国、日本以及欧盟各国均积极布局氢能产业发展战略，特别是日本提出了构建“氢能社会”的战略及其发展路线图，在氢能技术和发展利用领域走在了世界前列。我国也在“十三五”规划、《中国制造 2025》《国家创新驱动发展战略纲要》《汽车产业中长期发展规划》等多个文件中，明确将“氢能与氢燃料电池”作为新兴产业在战略规划和重点任务上大力发展。目前，氢能源产业正处于将氢气从工业原料向大规模能源开发利用的战略转折点，未来发展空间巨大，相关产业链将得到长足发展。氢能源产业主要包括制氢及储输氢能，氢燃料电池系统及氢燃料电池汽车/发电。氢燃料电池产品主要应用在车用领域、固定式电源领域以及便携式领域。氢燃料电池堆/系统、燃料电池乘用车和商用车、氢气车载储存和加氢站产业化方兴未艾。特别是氢燃料电池汽车(FCV)的快速发展和商业化推进，尤其是自从 2014 年日本丰田公司发布“未来”(Mirai)氢燃料电池汽车后，引起全球资本投资和汽车业界的高度关注，使之成为当今交通领域和新能源领域的热点，也带动了氢燃料电池在备用电源、家用热电联供、分布式能源等领域的发展。

目前，质子交换膜燃料电池电堆的质量比功率和体积比功率已分别达到或超过 2kW/kg和 3kW/L。比如，丰田的“Mirai”氢燃料电池汽车，本田汽车的“larivi”以及现代汽车的“Nexo”氢燃料电池汽车，成为商用电动车的代表性产品。在国内，上海汽车集团采用新能源动力的 HYMOD – 50 电堆产品(体积比功率为 2kW/L)的电池车，2016 年 10 月获得工信部公告认证。采用新能源动力电堆大通 V80 燃料电池商用车率先商业化，已开始小批量销售。

氢燃料电池汽车的推广是营造未来"氢经济"的重要环节，这对于缓解全球源宝效应有着重要的意义。迄今，以氢燃料电池为代表的燃料电池，正在逐步实现商业化应用，对发展可再生能源，以氢气为能源载体实现一次能源的再分配，优化利用石油、天然气并提高燃料的转化利用效率、降低环境污染具有重要作用。

1.3 燃料电池的基本工作过程

1.3.1 燃料电池的基本原理

燃料电池是一种能量转化装置，它是按电化学原理，即原电池工作原理，把贮存在燃料和氧化剂中的化学能直接转化为电能，因而实际过程是氧化还原反应。燃料电池主要由阴极、阳极、电解质溶液、外部电路四部分组成，燃料气和氧化气分别由燃料电池的阳极和阴极通入。阳极燃料气释放电子，形成阴离子，电子在外电路的作用下传导到阴极与氧气发生氧化反应生成阳离子，离子在电场作用下，通过电解质迁移到阳极上，与燃料气反应，构成回路，产生电流。氢燃料电池即以氢作为燃料的燃料电池，它的基本原理是电解水的逆反应，电极反应式如下。

阳极：$H_2 + 2OH^- \longrightarrow 2H_2O + 2e^-$；

阴极：$1/2O_2 + H_2O + 2e^- \longrightarrow 2OH^-$；

电池反应：$H_2 + 1/2O_2 \longrightarrow H_2O$。

燃料电池系统不仅包括燃料电池本体，还应该具有反应剂供给系统、排热系统、排水系统、电性能控制系统及安全装置等辅助系统，这样，燃料电池方可正常工作。通常的燃料电池由电解质板、两侧的燃料极(阳极)和空气极(阴极)及两侧气体流路构成，气体流路的作用是使燃料气体和空气(氧化剂气体)能在流路中通过。

燃料电池与常规电池不同，它的燃料与氧化剂不是贮存在电池内，而是贮存在电池外部的贮罐中。当它工作(输出电流并做功)时，需要不间断地向电池内输入燃料和氧化剂，并同时排除反应产物。因此，从工作方式上看，它类似于常规的汽油或柴油发电机。

由于燃料电池工作时要连续不断地向电池内送入燃料和氧化剂，所以燃料电池使用的燃料和氧化剂均为流体(气体和液体)。最常用的燃料为纯氢、各种富含氢的气体(如重整气)和某些液体(如甲醇水溶液)。最常用的氧化剂为纯氧、净化空气和某些液体(如过氧化氢和硝酸的水溶液等)。

1.3.2 燃料电池的工作过程

燃料电池作为一种能量转换装置，以电化学反应为基础，可以等温地把贮存在燃料和氧化剂中的化学能直接转换为电能。通常情况下，以氢气或者富氢气体为燃料的燃料电池被称为氢燃料电池。氢燃料电池原理如图 1-1 所示。

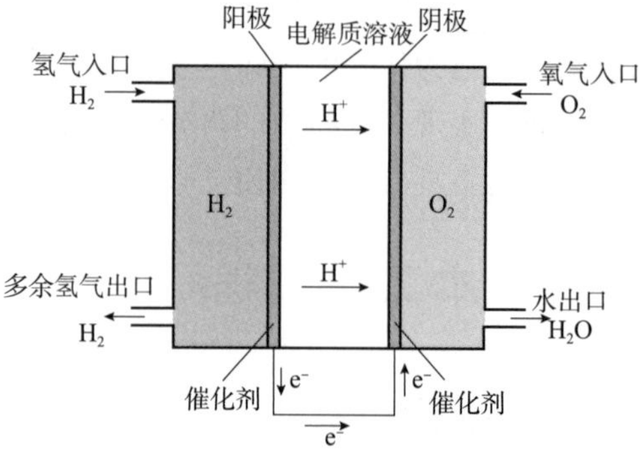

图 1－1　氢燃料电池原理

氢燃料电池主要由阳极、阴极、电解质溶液和外部电路组成。氢燃料电池的阴、阳两极兼具电子传导及催化剂的作用，燃料气(氢气)由阳极通入，反应放出的电子经外电路传导到阴极，再与氧化气(氧气)结合生成离子。离子在电场作用下，通过电解质迁移到阳极上，与燃料气反应，构成一个完整的回路产生电流。在此过程中，氢燃料电池由于自身的电化学反应以及内阻，会产生一定的热量，主要产物为水。在氢燃料电池中，氢离子在将两个半反应分开的电解质内迁移，电子通过外电路定向流动，做功，形成总的电回路。

1.4　燃料电池的类型与应用

1.4.1　燃料电池的分类

(1)按燃料电池的运行机理可分为酸性燃料电池和碱性燃料电池。

(2)按电解质的种类不同，有酸性、碱性、熔融盐类或固体电解质，因此可分为碱性燃料电池(AFC)、质子交换膜燃料电池(PEMFC)、磷酸燃料电池(PAFC)、熔融碳酸盐燃料电池(MCFC)、固体氧化物燃料电池(SOFC)。

(3)按其工作温度不同，把碱性燃料电池(AFC，100℃)、质子交换膜燃料电池(PEMFC,100℃以内)和磷酸燃料电池(PAFC，200℃)称为低温燃料电池；把熔融碳酸盐燃料电池(MCFC，650℃)和固体氧化物燃料电池(SOFC，1000℃)称为高温燃料电池。

(4)按燃料来源，燃料电池可分为直接式燃料电池(如直接甲醇燃料电池)，间接式燃料电池(如甲醇通过重整器产生氢气，然后以氢气为燃料电池的燃料)和再生类型。

在可再生能源的氢储能应用中，重点关注使用纯氢作为燃料的质子交换膜燃料电池(PEMFC)，它具有高功率密度、高能量转换效率、低温启动、环保等优点。

1.4.2　氢燃料电池的应用

目前小于5kW功率等级的氢燃料电池主要作为移动备用电源、应急供电及便携式电源等，以碱性氢燃料电池、质子交换膜氢燃料电池为主；5～200kW功率等级的氢燃料电池主要用于电动自行车、电动摩托车、乘用轿车、公共汽车、物流车、游艇以及家用等的动力电源，以质子交换膜氢燃料电池为主；200kW～2MW功率等级的氢燃料电池多用于家用、社区、商业写字楼、海岛等边远地区作为热电联供分布式能源站，以熔融碳酸盐氢燃料电池、固体氧化物氢燃料电池为主，特别是固体氧化物氢燃料电池具有发电效率高、污染物排放少、燃料适应性广、稳定性好等优点，将在分布式供电/热和高性能动力电源方面发挥重要的作用；大于2MW的氢燃料电池则主要用于大中型发电站或区域性分布式发电站。

(1)氢燃料电池汽车

氢燃料电池汽车的工作原理：将产生的氢气运送到阳极(电池的负极)使之失去一个电子，通过催化剂(Pt)的作用形成氢离子，而氢离子通过质子交换膜到阴极(电池的正极)，因为失去的电子不能透过质子交换膜，所以只能通过外部电路到达阴极，与氧气氢离子结合生成水。因为空气中存在氧气，所以无须使用其他途径制氧，只需供给氢气即可，在生产过程中需要把水(水蒸气)带走，就可以源源不断地产生电能。近年来，氢燃料电池汽车在一些领域上已经取得了突破性进展，并且发展前景越来越好。在全球环境保护问题日益突出的今天，氢燃料电池汽车作为环保型汽车越来越受到人们的重视。在一些发达国家，如英国、德国等出台了很多对氢燃料电池有利的政策，鼓励其国人购买新能源汽车。全球许多汽车制造厂商普遍预测，氢燃料电池汽车是最有可能代替传统内燃机汽车的清洁交通工具，氢燃料电池的发展趋势已经超越了蓄电池汽车。据相关报道，氢燃料电池汽车在全世界的发售量不断上升，且上升比率会逐年增加，在未来，随着氢燃料电池汽车技术不断地完善，氢燃料电池汽车会起主导作用。我国氢燃料电池汽车也取得了很大的发展，我国自主研发的氢燃料电池汽车在2008年北京奥运会期间就开始使用了。

(2)航空航天领域

我国第一个应用氢燃料电池的是航空航天领域。20世纪60年代，氢燃料电池就已经被成功地应用于航天领域。往返于太空和地球之间的“阿波罗”飞船就安装了这种体积小、容量大的装置。波音公司于2008年将氢燃料电池试用于小型波音飞机上，波音公司称这在世界航空史上属于首次，预示着未来航空领域会越来越环保。但氢燃料电池也具有技术局限性，不能为大型客机提供足够的动力支持。我国正在不断地将氢燃料电池应用于无人机方面。2020年，我国氢能无人机飞行时间刷新续航世界纪录。北京新研创能科技有限公司开发了一款六转子氢燃料电池无人机，连续飞行时间长达331min，成功打破了世界纪录。据了解，此款六旋翼无人机核心为氢燃料电池，搭载一个高压储氧瓶为氢燃料电池提供发电所需的氧气。研究表明，我国在氢燃料电池一些方面也处于世界先列。

(3)大型发电站

我国大多数发电站依然是火力发电站，尽管政府采取了保护环境、节能减排等措施，也应用了风能发电、水力发电、太阳能制热、核能发电，但由于种种因素的限制，火力发电站依然是我国的主导。火力发电是依靠一次能源煤的燃烧经过锅炉汽轮器等器械将机械能转化成热能进行发电，这种发电方式具有污染性强、能源利用率低、能源消耗大等缺点。因此，将氢燃料电池应用于发电站是一个很好的选择。此外，火力发电方式是一种相对较集中的发电方式，需要电网电线运输，在运输途中会发生电能的损耗。而氢燃料电池发电具有分散化、多单元的特点，应用后可以减少损耗，节约能源。

1.5 燃料电池的特点

(1)高效

燃料电池按电化学原理等温地直接将化学能转化为电能。在理论上，其热电转化效率可在85% ~90%。但实际上，电池在工作时由于各种极化的限制，目前各类电池实际的能量转化效率均在40% ~60%。若实现热电联供，燃料的总利用率可在80%以上。氢燃料电池高效率的原因是：它们是电化学发动机，而不是热力发动机，并且就其本身而言，它们不受卡诺循环的限制。因此，随着氢取代化石燃料，预计在21世纪，氢燃料电池有望能取代热力发动机(内燃机、蒸汽轮机和燃气轮机)。

(2)环保

理想情况下氢燃料电池的产物只有水，水对环境是无污染的。氢燃料电池是通过电化学反应，而不是通过燃烧释放很多对环境有害的气体，如果氢是通过可再生能源(如风能、太阳能等)产生的，那么在氢燃料电池的生产过程中，将不会产生有害气体，即氢燃料电池的循环过程对环境无污染。

当燃料电池以富氢气体为燃料时，富氢气体是通过矿物燃料来制取的，由于燃料电池具有高的能量转换效率，其CO_2排放量比热机混成减少40%以上，这对缓解地球的温室效应是十分重要的。由于燃料电池的燃料气在反应前必须脱除硫及其化合物，而且燃料电池按电化学原理发电，不经过热机的燃烧过程，所以它几乎不排放氮氧化物和硫氧化物，减轻了对大气的污染。当燃料电池以纯氢为燃料时，它的化学反应产物为水，从根本上消除了氮氧化物、硫氧化物及CO_2等的排放。

如果使用合理，燃料电池对环境是非常友好的。事实上，相较于其他能量转换技术而言，这可能是独一无二的最大优势。氢气燃料电池和电解器及再生能源新技术(如风能和太阳能)相结合组成了一个完整的封闭无污染能源经济体系。在此系统中，燃料电池的作用在整个系统的分工中非常突出。当有阳光或风时，一方面由太阳能电池和风力发电装置产生的电将直接用于城市供电，另一方面通过电解器产生额外的氢。当刮风或者夜幕降临时，燃料电池将被调动起来，其通过将存储的氢转化为电能以提供所需的能量。在此系统中完全排除了矿物燃料。

(3)安全

氢气是比空气轻的气体，具有较大的浮力(快速上升)和较强的扩散性(横向移动)，所以就算发生泄漏，氢气也会立即扩散到空气中。因此，在空旷的道路上，即便是在汽车起火的情况下，泄漏的氢气发生燃烧的可能性也非常低。

(4)简单

干电池、蓄电池是一种储能装置，是把电能贮存起来，需要时再释放出来；而氢燃料电池严格地说是一种发电装置，像发电厂一样，是把化学能直接转化为电能的电化学发电装置。燃料电池是一种直接的电化学能量转换装置。它通过电化学反应直接把能量从一种形式(化学能)转换成另一种形式(电能)。

(5)可靠

氢燃料电池因其来源广泛、无污染、转换率高而成为能源领域关注的焦点。之所以选择氢能，最重要的原因在于其燃烧热值非常高，相当于同等质量汽油的3倍。且氢能来源广泛，燃烧产物是水，清洁无污染，能满足人类社会可持续发展的需要。

在氢燃料电池的运行过程中，通常不会有噪声的出现，音量分贝与人们正常交流的音量相差无几。由于氢燃料电池具有无噪声的特点，因此氢燃料电池系统既可以安装在室内，也可以安装在室外，不会对其周围产生很大的影响。

氢燃料电池属于能源转化装置，能实现低温冷启动，并在启动后，可稳定地输出热量，几乎不受环境温度的影响。此外，由于氢燃料电池的续航里程受储氢量的控制，氢燃料电池汽车还具有可以媲美甚至超越传统燃油汽车的续航里程以及非常短的燃料加注时间的优点。

碱性燃料电池和磷酸燃料电池的运行均证明燃料电池的运行高度可靠，可作为各种应急电源和不间断电源使用。

(6)兼容

氢燃料电池在其电磁环境中符合要求运行，并不对其环境中的任何设备产生无法忍受的电磁干扰，具有良好的电磁兼容性。

1.6 燃料电池的性能评价

燃料电池的性能由电流－电压曲线来评估，它表示在一个给定的电流负载下燃料电池的输出电压。理想的燃料电池性能由热动力学控制。由于损耗，实际的燃料电池性能总是比理想的燃料电池性能差。主要的损耗类型有：活化损耗、欧姆损耗、浓度损耗。

1.6.1 单电池的性能评价

待活化结束后，可开始电流－电压($I-V$)特性(又称极化曲线)测试。测试时温度、压力和流量等操作条件与电池正常运行时的操作条件相同。电流－电压测试的记录采用电子负载，从电子开路状态开始逐步增加电池的放电电流，直到规定的截止电压，测试过程中记录不同的电流密度下稳定的电压。典型的电流－电压曲线如图1－2所示。

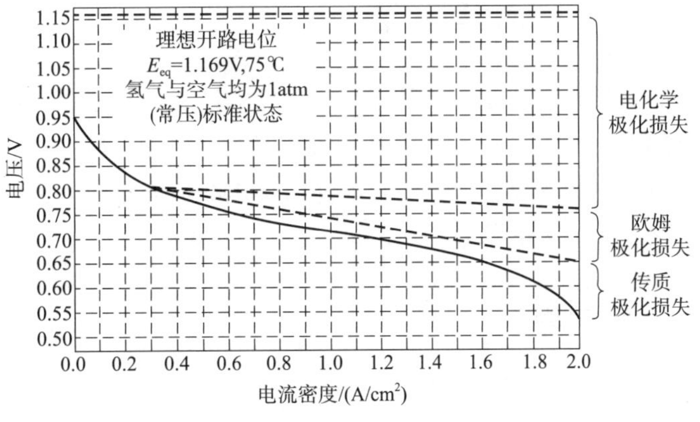

图1－2 单电池电流－电压曲线

由图1－2可知：电流－电压曲线的低、中、高电流密度区分别对应燃料电池极化的电化学极化、欧姆极化与传质极化。燃料电池极化产生的原因有：电化学反应动力学慢；电池内部电子电阻和离子电阻以及接触电阻；燃料电池中反应物和产物的传输阻力。

1.6.2 氢燃料电池堆的性能评价

氢燃料电池堆(Hydrogen Fuel Cell Reactor，HFCR)是将氢与氧化学反应的化学能直接转化为电能，因其具有以能量转化率高、排放低、能量和功率密度高等优点，被认为是适应未来能源和环境要求的理想动力源之一，有助于解决能源危机、全球气候变暖以及环境污染问题。

单电池性能是电堆性能的基础，然而电堆输出能不是等同于各节单电池输出性能的加和，而是遵从“木桶原理”，性能最差的单电池将限制电堆性能的输出能力和持续工作的稳定性，这就是电堆单电池要保持一致的原因。电堆单电池性能的一致性(简称单电池一致性)，是指电堆工作过程中各节单电池性能的一致程度，一致程度越高，电堆工作稳定性越好。单电池一致性既取决于每节单电池设计和加工一致性，也取决于电堆整体在流体和机械方面设计的合理性。

在电池串联情况下，每节单电池输出电流相同，电堆中各节单电池的工作状态最终体现在其输出电压上，因此通常用各节单电池输出电压的一致程度来衡量单电池一致性，以各节单电池电压的标准偏差作为定量评价单电池一致性的关键指标，如下式所示：

$$S = \sqrt{\left(\frac{1}{n-1} \times \sum_{i=1}^{n} (u_i - u)^2\right)}$$

式中，S 为各节电池电压的标准偏差；n 为电堆的单电池节数；u_i 为第 i 节单电池的输出电压；u 为电堆所有单电池的平均电压。

同时电堆各单电池电压的极差也是评价单电池一致性的参考指标，单电池电压极差即最高单电池电压和最低单电池电压的差，即 $R = V_{max} - V_{min}$，其中 R 为极差；V_{max} 为最高单电池电压；V_{min} 为最低单电池电压。

1.7 本章小结

氢燃料电池是一项效率高、环保的技术。它不仅对我国的发展起着重要作用，也为世界的发展作出了极大的贡献。在我国大力倡导环境保护、节能减排的情形下，新能源的发展越来越受到重视，氢燃料电池将会逐渐地大量投入人们的生活生产，要对氢燃料电池的未来充满极大的信心。

习题

1. 氢氧燃料电池是怎样工作的？发生了哪些氧化还原反应？
2. 各国都在如何积极发展氢能？
3. 氢能有哪些特点？
4. 简述燃料电池的特点和用途。

第 2 章　燃料电池工作原理

2.1　燃料电池热力学

热力学是研究能量和能量转换的科学。由于氢燃料电池是能量转换装置，所以氢燃料电池热力学是理解化学能到电能转化的关键。对于燃料电池，热力学可以预测化学反应是否能够自发地发生。热力学也可以预测一个反应所能产生的电压上限。因此，热力学可以给出燃料电池各个参数的理论边界值。

2.1.1　热力学基础回顾

(1)内能

氢燃料电池把燃料中的能量转化为其他更容易利用的能量形式。燃料(或其他任何一种物质)的总能量用内能(U)表示。内能是与微观的运动以及原子和分子量级上微粒的相互作用有关的能量。它和表征物体宏观运动的能量有尺度上的不同。例如，一罐静止的氢气没有外在的能量，但这些氢气却有非常大的内能(见图 2-1)；在微观尺度分子的速度能达到每秒几百米。内能也和氢原子之间的化学键有关。燃料电池可以把氢气的一部分内能转化成电能。利用热力学第一定律和热力学第二定律可以确定理想情况下最多有多少内能可以转化成电能。

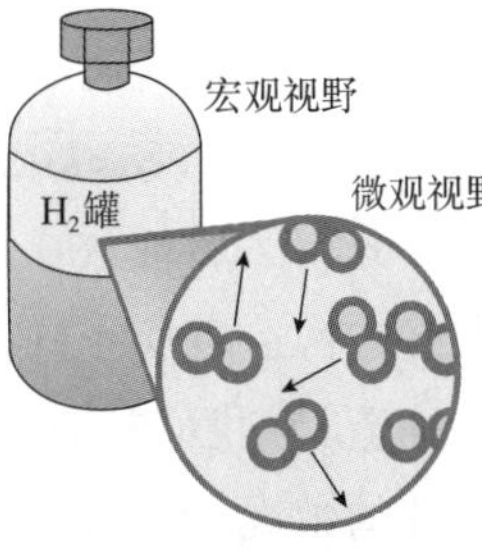

图 2-1　一罐氢气的宏观视野和微观视野

(2)热力学第一定律

热力学第一定律即能量守恒定律——能量不可能产生与湮灭——可用式(2.1)表示：

$$d(Energy)_{univ} = d(Energy)_{system} + d(Energy)_{surroundings} = 0 \tag{2.1}$$

换一个角度看，式(2.1)表明系统能量的任何变化必然会引起周围环境能量的等量变化：

$$d(Energy)_{system} = -d(Energy)_{surroundings} \tag{2.2}$$

封闭系统与其环境之间的能量传递有两种方式：传热(Q)或做功(W)。可以把热力学第一定律写为：

$$dU = dQ - dW \tag{2.3}$$

式(2.3)表明，一个封闭系统内能的变化(dU)必等于系统吸收的热量(dQ)减去系统所做的功(dW)。为了从式(2.2)导出这个式子，用 dU 代替了 $d(Energy)_{system}$；如果选择合适的参照系，那么系统所有的能量变化都可以用内能的变化来表示。注意，我们把系统对环境所做的功定义为正功。

现在假设系统只做机械功。机械功和系统在一定压强下的体积变化有关，可以表示为：

$$(\mathrm{d}W)_{\mathrm{mech}} = p\mathrm{d}V \tag{2.4}$$

式中，p 为压强；$\mathrm{d}V$ 为体积变化。后面讨论燃料电池热力学时，要考虑系统做的电功。现在暂时不考虑电功，如果只考虑机械功，可以把式(2.3)改写为：

$$\mathrm{d}U = \mathrm{d}Q - p\mathrm{d}V \tag{2.5}$$

(3)热力学第二定律

热力学第二定律引入了熵的概念。熵由系统可能的微观状态数(或者称为系统的可能构造组合方式)决定。随着熵的增加，系统的微观状态数增加，因此可以认为熵是系统混乱程度的量度。对于一个独立的系统(最简单的情况)，有：

$$S = k\lg\Omega \tag{2.6}$$

式中，S 为系统的总熵；k 为玻尔兹曼常数；Ω 为系统的微观状态数。

通过下面一个例子我们很容易理解微观状态的概念。考虑图 2-2(a)所示的一个“完美”的由 100 个完全相同的原子组成的系统，整个系统只有一种可能的微观状态或构造，这是因为 100 个原子完全相同并且不可区分。如果我们把第一个原子和第二个原子交换位置，这个系统看起来与交换之前完全一样。因此，由 100 个完全相同的原子组成的完美晶体的熵为 0($S = k\lg 1 = 0$)。现在考虑图 2-2(b)的情况，其中 3 个原子从它们原来的位置移开，然后被放在晶体表面。任何 3 个原子都可以从它们原来的位置移开，从而使系统最终的构造有所不同。在这种情况下，系统的微观状态就很多了[图 2-2(b)只显示了一种构造]。我们从总共 Z 个原子中取出 N 个原子来估算可能的排列组合方式，以此计算出系统的微观状态数，即：

$$\Omega = \frac{Z(Z-1)(Z-2)\cdots(Z-N+1)}{N!} = \frac{Z!}{(Z-N!)(N!)} \tag{2.7}$$

在图 2-2(b)中共有 100 个原子，从 100 个原子中取出 3 个原子的取法为：

$$\Omega = \frac{9.3\times10^{157}}{9.6\times10^{151}\times6} = 1.7\times10^{5} \tag{2.8}$$

因此，$S = 7.22\times10^{-23}\,\mathrm{J/K}$。

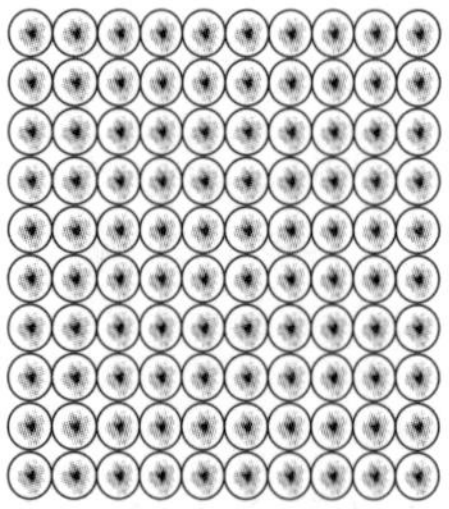
(a) 100个原子组成完美晶体

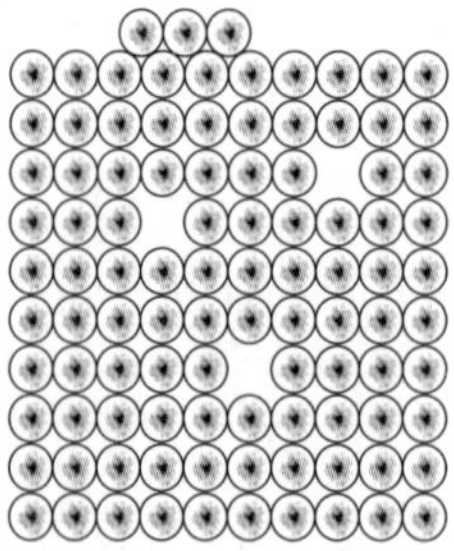
(b) 3个原子移到晶体表面

图 2-2　晶体排列方式

除非像这种极其简单的系统，否则一般无法精确地算出系统的熵。一个系统的熵通常只能通过传热对系统熵变的影响得出。对于压强恒定的可逆热传递过程，系统的熵变为：

$$dS = \frac{dQ_{rev}}{T} \tag{2.9}$$

式中，dS 为在恒定温度(T)时由可逆热传递(dQ_{rev})引起的熵变。换句话说，向系统传入能量(包括热)导致系统的熵增加。根本上说，通过向系统提供额外的能量，系统的微观状态数增加，从而导致熵增加。对于不可逆的热传递过程，系统的熵的增量将大于式(2.9)中的值。这是热力学第二定律的关键论述。

热力学第二定律的公式形式是，系统和其周围环境总的熵在任何过程中不会减小：

$$dS_{univ} \geqslant 0 \tag{2.10}$$

将不等式(2.10)和热力学第一定律相结合，就可以判断一个热力学过程是“自发”过程还是“非自发”过程。

(4)热力学势

基于热力学第一定律和热力学第二定律，我们可写出一些“标准”，这些标准将明确能量在物体之间是如何传递的。这些标准被称为热力学势。我们已经知道其中的一个热力学势：系统的内能。结合热力学第一定律和热力学第二定律的结果[参见式(2.3)和式(2.9)]可以把系统内能用熵 S 和体积 V 这两个自变量表示：

$$dU = TdS - pdV \tag{2.11}$$

式中，TdS 为可逆过程中的热传递；pdV 为机械功。由式(2.11)可以得出系统的内能 U 是熵和体积的函数：

$$U = U(S,\ V) \tag{2.12}$$

我们也可以推导出下面一组有用的关系式，使两个因变量(T 和 p)与两个自变量(S 和 V)相互关联：

$$\left(\frac{dU}{dS}\right)_V = T \tag{2.13}$$

$$\left(\frac{dU}{dV}\right)_S = -p \tag{2.14}$$

但是，多数实验无法测量 S 和 V(没有“测熵计”这样的装置)。因此需要一个新的热力学势和内能等价，但是取决于其他比 S 和 V 更容易测量的量。温度 T 和压强 p 就是这样一种可测量的量。可以通过勒让德变换这种简单的数学方法实现转换。通过如下对 U 的逐步变换，我们可以定义一种新的热力学势 $G(T,\ p)$：

$$G = U - \left(\frac{dU}{dS}\right)_V S - \left(\frac{dU}{dV}\right)_S V \tag{2.15}$$

由$(dU/dS)_V = T$ 和$(dU/dV)_S = -p$ 可以得到：

$$G = U - TS + pV \tag{2.16}$$

这个函数称为吉布斯自由能。我们将证明 G 确实是温度和压强的函数。G 的变化(dG)可以表示为：

$$dG = dU - TdS - SdT + pdV + Vdp \tag{2.17}$$

我们已经知道 $dU = TdS - pdV$，于是可以得到：

$$dG = -SdT + Vdp \tag{2.18}$$

因此，吉布斯自由能是系统的一种热力学描述，G 是由 T 和 p 而不是由 S 和 V 决定的。

为了得到一个可以由 S 和 p 表示的热力学势，只需对 U 进行变换。类似于式(2.15)，我们定义一个新的热力学势 H，计算公式如下：

$$H = U - \left(\frac{dU}{dV}\right)_S V \tag{2.19}$$

另外，由 $(dU/dV)_S = -p$ 可知：

$$H = U + pV \tag{2.20}$$

式中，H 为焓。通过微分，可以看到 H 是 S 和 p 的函数：

$$dH = dU + pdV + Vdp \tag{2.21}$$

又由 $dU = TdS - pdV$，有：

$$dH = TdS + Vdp \tag{2.22}$$

再定义第 4 个热力学势，这个热力学势 $F(T, V)$ 是关于温度和体积的函数：

$$F = U - TS \tag{2.23}$$

式中，F 为亥姆霍兹自由能。F 满足以下关系：

$$dF = -SdT - pdV \tag{2.24}$$

图 2-3 所示为对 4 种热力学势的一个总结，这 4 种热力学势的含义如下。

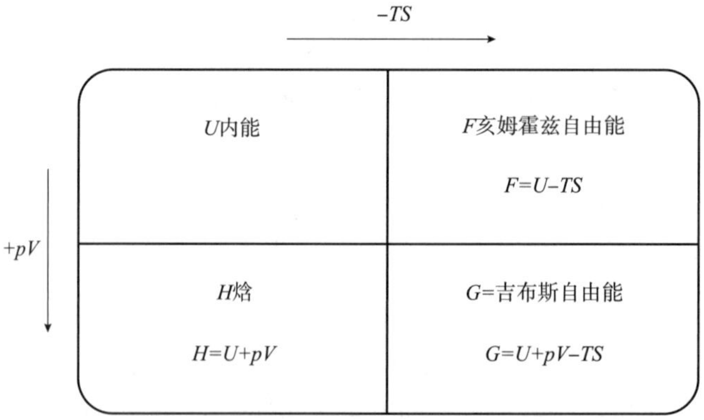

图 2-3　4 种热力学势的图示总结

内能(U)：温度体积不变的情况下建立一个系统所需的能量。

焓(H)：建立一个系统所需的能量加上为系统创建相应空间所做的功。

亥姆霍兹自由能(F)：在温度不变时，建立一个系统所需的能量减去系统可以从周围环境中自发传热而获取的能量。

吉布斯自由能(G)：建立一个系统所需的能量加上为系统创建相应空间所做的功，再减去系统可以从周围环境中自发传热而获取的能量。换句话说，G 表示从体积可以忽略时开始，在假定温度下建立一个系统的能量，减去该过程中环境自动提供的能量。

(5)摩尔量

通常变量分为本征变量和非本征变量。本征变量和系统的尺度无关，如温度和压强；非本征变量和系统的尺度有关，如内能和熵。例如，如果一瓶气体的体积加倍了，其分子数也会加倍，相应的内能和熵也会加倍，而温度和压强都会保持不变。按惯例，一般用小写字母表示本征变量(如 p)，而用大写字母表示非本征量(如 U)。

摩尔量如 u(每摩尔气体的内能，以 kJ/mol 为单位)是本征量。它通常被用来计算 1mol 化学反应的能量变化。例如，氢－氧燃料电池的总反应方程：

$$H_2 + \frac{1}{2}O_2 \rightleftharpoons H_2O \tag{2.25}$$

在室温和一个标准大气压下，对于每消耗 1mol H_2(或 1/2mol O_2，或生成 1mol H_2O)，吉布斯自由能的变化是 －237kJ。如果消耗了 5mol O_2，则非本征的吉布斯自由能的变化为：

$$5\text{mol } O_2 \times \left[\frac{1\text{mol } H_2}{1/(2\text{mol } O_2)}\right] \times \left(\frac{-237\text{kJ}}{\text{mol } H_2}\right) = -2370\text{kJ} \tag{2.26}$$

当然，以摩尔量表示的吉布斯自由能变化仍然是 －237kJ/mol H_2。

(6)标准态

因为绝大多数热力学量取决于温度和压强，定义一系列标准的条件作为参考要方便许多。这些标准的条件称为标准态。标准态的条件是指室温(298.15K)和大气压(标准的压强一般定义为 1bar = 100kPa。大气压是 1atm = 101.325kPa。这些微小的差别通常可以忽略)。标准态也称为标准温度和标准压强，或 STP。标准态条件进一步指所有的反应物和生成物以单位活性出现。标准态一般用上标 0 标出。例如 Δh^0 表示在标准状态下的焓变。

(7)可逆性

当我们讨论燃料电池的热力学时经常会用到“可逆”的概念。可逆意味着平衡。可逆的燃料电池的电压是指燃料电池处于热力学平衡时的电压。热力学可逆过程是指，当该过程驱动力有一个无穷小的反转时，过程的进行方向会反向，这样的系统也因此总是处于平衡状态。

与可逆燃料电池电压相关的方程只能在平衡条件下使用。一旦燃料电池开始产生电流，平衡就被打破了，可逆燃料电池的电压方程就不再适用了。为了区别本书中可逆燃料电池的电压和不可逆燃料电池的电压，分别使用符号 E 和 V，E 表示可逆的燃料电池的电压，V 表示不可逆燃料电池的电压。

2.1.2 燃料电池的热潜能——反应焓

前面回顾了热力学的内容，现在我们把热力学知识运用到燃料电池中。燃料电池的目标是提取燃料中的内能使之转化为更容易利用的能量形式。那么能从燃料中提取的最大能量是多少呢？这个最大值取决于通过什么方式(功或热)来提取燃料中的能量。本节将要证明，从燃料中提取的最大热能取决于反应焓(对于常压过程)。

回忆焓的微分表达式[参见式(2.22)]：

$$dH = TdS + Vdp \tag{2.22}$$

压强不变的情况下($dp=0$)，可将式(2.22)简化为：

$$dH = TdS \tag{2.27}$$

其中，dH 和可逆过程中的传热(dQ)相同。因此，可以认为焓是在常压条件下系统的热潜能。换句话说，对于常压反应，焓变表示反应中释放(或吸收)的热量。那么热量是从哪里来的呢？把 dH 用 dU 来表示，考虑常压条件，有：

$$dH = TdS = dU + dW \tag{2.28}$$

从式(2.28)中可以看出，反应中释放(或吸收)的能量取决于系统对外界做功后的内能变化。系统的内能变化很大程度上是由于化学键的重新构造。例如，在前一章讨论过的氢气燃烧放热实际上是分子键的重新组合，与初始的反应物氢气和氧气相比，生成物水处于一种更低能量的状态。除去做功消耗的能量，其余的内能差都转化为反应中的热量。这种情况可以与皮球滚下山的情况相类比，球的势能转变为动能，球也相应地从高势能状态转变为低势能状态。

与燃烧反应相关的焓变称为燃烧热。燃烧热的名词暗示在常压化学反应中焓和热潜能的紧密联系。一般来说，与任何化学反应相关的焓变通常称为反应焓或反应热。本书中将使用更为通用的术语反应焓(ΔH)。

(1)反应焓的计算

反应焓主要和化学反应中化学键的重构有关，因此可以通过反应物和生成物的键焓差来计算。

键焓计算相对比较粗略，只能给出一些近似的结果。因此反应焓的正常计算一般是通过比较反应物和生成物之间的生成焓的差别来实现的。标准态生成焓是标准状态下由参考物质生成1mol化学物质 i 所需要的焓。对于一个一般的化学反应：

$$a\mathrm{A} + b\mathrm{B} \longrightarrow m\mathrm{M} + n\mathrm{N} \tag{2.29}$$

式中，A 和 B 为反应物；M 和 N 为生成物；a、b、m、n 分别对应 A、B、M、N 的摩尔数。Δh 可计算为：

$$\Delta\hat{h}^0_{\mathrm{rxn}} = [m\Delta\hat{h}^0_f(\mathrm{M}) + n\Delta\hat{h}^0_f(\mathrm{N})] - [a\Delta\hat{h}^0_f(\mathrm{A}) + b\Delta\hat{h}^0_f(\mathrm{B})] \tag{2.30}$$

因此，反应焓就可以通过摩尔加权的反应物和生成物的生成焓之间的差来计算。注意，焓变(和别的能量变化一样)通过末态减初态(生成物减反应物)来计算。

(2)焓的温度相关性

物质的吸热量随着温度的变化而变化。因此，一种物质的生成焓也会随着温度的变化而变化。焓随温度的变化也可以利用物质的热容表示为：

$$\Delta\hat{h}_f = \Delta\hat{h}^0_f + \int_{T_0}^{T} c_p(T)\,dT \tag{2.31}$$

式中，$\Delta\hat{h}_f$ 是物质在任意温度 T 下的生成焓；$\Delta\hat{h}^0_f$ 为物质在温度 $T_0=298.15\mathrm{K}$ 下的生成焓；$c_p(T)$ 为物质的常压热容(它也可以是温度的函数)。如果温度 T_0 到 T 的路径中伴有相变，还必须考虑相变导致的焓变。

类似地，物质的熵也随着温度的变化而变化。这种变化同样可以用热容表示为：

$$\hat{s} = \hat{s}^0 + \int_{T_0}^{T} \frac{c_p(T)}{T} \mathrm{d}T \tag{2.32}$$

从式(2.30)、式(2.31)和式(2.32)中，只要知道一些基本的热力学数据，就可以算出任意温度下任何反应的焓和熵。因为热容变化通常比较小，一般认为焓和熵的值不随温度变化，这样可以简化热力学计算。

在理想世界里，可以利用一个化学反应的全部反应焓来做有用功。但是，热力学告诉我们这是不可能的，化学反应中产生的能量只有一部分是可以利用的。对电化学系统(如燃料电池)，吉布斯自由能给出了可转化为电功的最大能量值。

2.1.3　燃料电池的做功潜能——吉布斯自由能

前面提到过，吉布斯自由能可以视为建立一个系统所需的能量加上创建相应空间所做的功减去系统由于自发传热可以从周围环境中获取的能量。因此，G 表示创建一个系统所需的能量(环境也通过热传递一些能量，但是 G 把这一部分减去了)。如果 G 表示创建一个系统所需要的净能量，那么 G 也表示可以从这个系统中所能获取的最大能量。换句话说，吉布斯自由能表示一个系统可以利用的潜能或系统做功的潜能。

(1)吉布斯自由能计算

同忆 G 的定义，有 $G = U + pV - TS$ 和 $H = U + pV$，很显然 G 中已包含了 H。因此吉布斯自由能可以写成：

$$G = H - TS \tag{2.33}$$

对其进行微分得：

$$\mathrm{d}G = \mathrm{d}H - T\mathrm{d}S - S\mathrm{d}T \tag{2.34}$$

保持温度不变(等温过程)，然后用摩尔量表示这个关系可得：

$$\Delta\hat{g} = \Delta\hat{h} - T\Delta\hat{s} \tag{2.35}$$

等温反应假设反应过程中温度不变，同时式(2.35)也可以用来计算不同反应温度下的吉布斯自由能。

(2)吉布斯自由能与电能的关系

知道如何计算 Δg 后，就可以算出燃料电池的做功潜能。对于燃料电池，我们对电功最感兴趣。下面计算燃料电池反应中可提取的最大电功。

由式(2.17)可知，吉布斯自由能的变化定义为：

$$\mathrm{d}G = \mathrm{d}U - T\mathrm{d}S - S\mathrm{d}T + p\mathrm{d}V + V\mathrm{d}p \tag{2.17}$$

我们可以用热力学第一定律的结果[参见式(2.3)]替换式(2.17)中的 $\mathrm{d}U$ 项。但是，这次 $\mathrm{d}U$ 必须同时考虑机械功和电功：

$$\begin{aligned}\mathrm{d}U &= T\mathrm{d}S - \mathrm{d}W \\ &= T\mathrm{d}S - (p\mathrm{d}V + \mathrm{d}W_{\mathrm{elec}})\end{aligned} \tag{2.36}$$

因此，$\mathrm{d}G$ 可以表示为：

$$dG = -SdT + Vdp - dW_{elec} \tag{2.37}$$

对于一个恒温恒压过程(dT, $dp=0$)，dG 可以简化为：

$$dG = -dW_{elec} \tag{2.38}$$

因此，恒温恒压下，一个系统能输出的最大电功为该过程中吉布斯自由能变化的负值。对于摩尔量表示的一个化学反应，该等式可以写成：

$$W_{elec} = -\Delta g_{rxn} \tag{2.39}$$

恒温恒压的假设并不是一个很苛刻的条件，其限制仅仅是温度和压强在反应的过程中不发生变化。燃料电池通常工作在恒温恒压下，因此这个假设是合理的。必须记住的是，即使温度和压强取其他值，只要它们在反应中不变，式(2.39)就是成立的。我们可以把该等式运用到 $T=200K$ 和 $p=1atm$(常压)，或正如有效地运用到 $T=400K$ 和 $p=5atm$(常压)一样，我们将看到这些步骤在温度和压强下(可以认为工作条件下从一个固定状态到一个新的固定状态)如何影响燃料电池可用的最大电功。

(3)吉布斯自由能与反应自发性的关系

除了可以决定一个化学反应中可以提取的最大电功，吉布斯自由能也可以用来决定一个化学反应的自发性。显然，如果 ΔG 为 0，那么从这个化学反应中就无法提取电功。然而，如果 $\Delta G>0$，那么就必须输入电功才能使这个反应发生。因此，ΔG 的符号表示一个反应是否是自发的：

1)$\Delta G>0$ 非自发(能量学上不利)；

2)$\Delta G=0$ 平衡；

3)$\Delta G<0$ 自发(能量学上有利)。

一个自发反应是能量学上有利的，它是一个“下坡”过程。尽管自发反应是能量学上有利的，但是自发性并不能确保一个反应会发生，也不会指明反应会多快地进行。很多自发反应不能发生是由于动力学障碍阻碍的。例如，在标准状态下，钻石到石墨的转变在能量学上是有利的($\Delta G<0$)。但是，对于钻石爱好者来说，动力学障碍阻碍了这种转变的发生。燃料电池也被动力学束缚，其产生电的速率被若干动力学现象限制。在我们开始学习动力学之前，需要理解如何把燃料电池的电功能力转化为电池电压。

(4)吉布斯自由能与电压的关系

一个系统做电功的潜能是用电压(也称为电势)度量的。通过在电势差 E(以伏特为单位)下移动电荷 Q(以库仑为单位)来实现电功：

$$W_{elec} = EQ \tag{2.40}$$

如果电荷是电子携带的，则有：

$$Q = nF \tag{2.41}$$

式中，n 为迁移电子的摩尔数；F 为法拉第常数。联合式(2.39)~式(2.41)可知：

$$\Delta \hat{g} = -nFE \tag{2.42}$$

因此，吉布斯自由能决定了电化学反应的可逆电压。例如，在一个氢－氧燃料电池中，该反应：

$$H_2 + \frac{1}{2}O_2 \rightleftharpoons H_2O \tag{2.43}$$

在标准状态下，对于液态水生成物有 -237kJ/mol 吉布斯自由能变化。因此，氢-氧燃料电池在标准状态下的可逆电压为：

$$\begin{aligned} E^0 &= -\frac{\Delta \hat{g}^0_{rxn}}{nF} \\ &= -\frac{-237000\text{J/mol}}{(2\text{mol e}^-/\text{mol reactant}) \times (96400\text{C/mol})} \\ &= 1.23\text{V} \end{aligned} \tag{2.44}$$

式中，E^0 为标准态下的可逆电压；$\Delta \hat{g}^0_{rxn}$ 为标准态下的自由能变化。

在标准态下，热力学认为氢-氧燃料电池可获得的最高电压为 1.23V。换句话说，燃料电池的化学反应确定了一个电池的可逆电压。通过挑选不同的燃料电池化学反应，可以得到不同的电池可逆电压。但是，最可行的燃料电池反应的可逆电压为 0.8~1.5V。为了得到 10V 的电压，通常需要把若干电池串联起来。

2.1.4 燃料电池的可逆电压——能斯特方程

(1)标准电极电势：可逆电压的计算

虽然我们学会了如何用式(2.42)计算电池电压，但是很多反应的电极电势已经计算并列入标准电极电势表中。一般用这些电极电势表可以很容易地确定可逆电压。标准电极电势表比较了各种半电化学反应相对于还原反应的标准态可逆电压。在这些表中，氢还原反应的标准态电势定义为 0，以便容易与其他反应进行比较。

为了计算一个完整的电化学系统产生的标准态电压，可以把电路中所有的电势简单地相加：

$$E^0_{cell} = \sum E^0_{half\ reactions} \tag{2.45}$$

例如，氢-氧燃料电池的标准态电势可以由以下公式确定：

$$\begin{array}{ll} H_2 \longrightarrow 2H^+ + 2e^- & E^0 = -0.000 \\ +\frac{1}{2}(O_2 + 4H^+ + 4e^- \longrightarrow 2H_2O) & E^0 = +1.229 \\ \hline = H_2 + \frac{1}{2}O_2 \longrightarrow H_2O & E^0 = +1.229 \end{array}$$

需要注意的是，我们把 O_2 反应乘以因子 1/2 以得到正确的方程式。但是不把 E^0 乘以 1/2。E^0 值和反应的量无关。同样，在该计算中把 H_2 反应(在氢-氧燃料电池中，氢是被氧化而不是被还原)的方向反向了。当把反应的方向反向时，即反应电势的符号反向了。对于氢气的反应，没有什么区别，因为 +0.0V = -0.0V。但是，例如铁氧化反应的标准态电势：

$$Fe \rightleftharpoons Fe^{2+} + 2e^- \tag{2.46}$$

将是 +0.440V。

一个完整的电化学反应通常包含两个半反应：一个还原反应和一个氧化反应。但是电极电势表列举的所有反应都是还原反应。对于成对的半反应的集，我们怎样知道哪一个反应将作为还原反应自发地进行，哪一个反应将作为氧化反应自发地进行呢？答案是要通过比较化学反应中电极电势的大小来得出。因为电极电势实际上代表自由能，增加电势表明“反应强度”的增加。对于一对半电化学反应，电极电势比较大的反应将会发生，电极电势小的反应将会反向发生。例如，考虑 $Fe^{2+}-H^{+}$ 的反应对。因为 H 还原反应相比较 Fe 还原反应有较大的电极电势(0V > -0.440V)，所以 H 还原反应会发生。Fe 的反应将沿相反的方向发生：

$$2H^{+}+2e^{-}\longrightarrow H_2 \qquad E^0=0.000$$
$$Fe\longrightarrow Fe^{2+}+2e^{-} \qquad E^0=+0.440$$
$$Fe^{2+}+2H^{+}\longrightarrow Fe^{2+}+H_2 \qquad E^0=+0.440$$

因此，热力学预言在该体系中 Fe 将被自发地氧化成 Fe^{2+}，得到 +0.440V 的净电池电压，同时产生 H_2。这是标准态下热力学自发的反应方向。任何热力学自发的电化学反应都将有一个正的电池电压。当然，如果有一个大于 0.440V 的额外电压施加到该电池，那么该反应将会向相反的方向发生。这种情况下，电源供给对电池做功以克服系统的热力学问题。

(2)可逆电压随温度的变化

标准态的燃料电池可逆电压(E^0)只在标准状态条件下(室温、大气压、所有物质的单位活度)使用。而燃料电池通常工作在远不同于标准状态的条件下。例如，高温电池工作在 700～1000℃下，汽车用的燃料电池经常工作在 3～5atm 下，而几乎所有的燃料电池都克服着反应物浓度(和活度)的变化。

为了理解可逆电压如何随温度变化，我们需要回到对于吉布斯自由能的原始的微分方程：

$$dG=-SdT+Vdp \tag{2.18}$$

由式(2.18)可以写出：

$$\left(\frac{dG}{dT}\right)_p=-S \tag{2.47}$$

对于摩尔反应量，该式为：

$$\left[\frac{d(\Delta\hat{g})}{dT}\right]_p=-\Delta\hat{s} \tag{2.48}$$

我们知道吉布斯自由能和电池可逆电压有关：

$$\Delta\hat{g}=-nFE \tag{2.42}$$

联合式(2.48)和式(2.42)，可以得到电池可逆电压随温度的变化函数：

$$\left(\frac{dE}{dT}\right)_p=\frac{\Delta\hat{s}}{nF} \tag{2.49}$$

定义 E_T 为任意温度 T 下的电池可逆电压。在常压下，E_T 可以由式(2.50)计算：

$$E_T=E^0+\frac{\Delta\hat{s}}{nF}(T-T_0) \tag{2.50}$$

大多数燃料电池的可逆电压随温度的升高而下降(图 2-4)，不应该让燃料电池在尽可能低的温度下工作，动力学损耗会随着温度的升高而倾向于降低。因此，尽管随着温度的升高热力学可逆电压会降低，但是实际的燃料电池的性能随着温度的升高将会明显地提高。

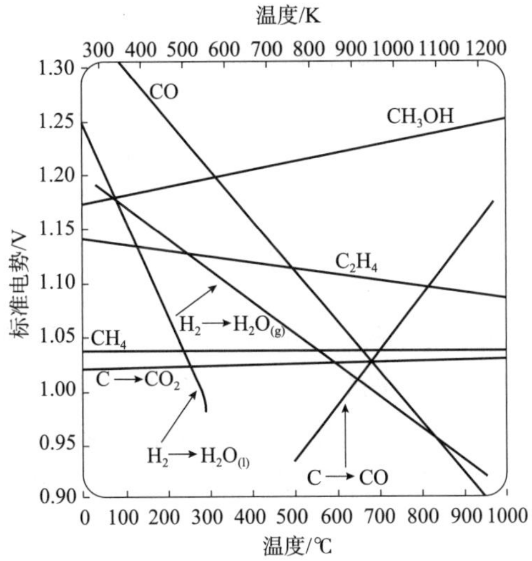

图2－4 各种燃料电化学氧化反应中可逆电压(E_T)与温度的关系

(3)可逆电压随压强的变化

和温度影响一样，压强对电池电压的影响也要从吉布斯自由能的微分方程开始计算：

$$dG = -SdT + Vdp \tag{2.18}$$

这次，我们写出：

$$\left(\frac{dG}{dT}\right)_T = V \tag{2.51}$$

写成摩尔反应量的形式为：

$$\left[\frac{d(\Delta\hat{g})}{dT}\right]_T = \Delta\hat{v} \tag{2.52}$$

我们已经知道吉布斯自由能和电池可逆电压的关系：

$$\Delta\hat{g} = -nFE \tag{2.42}$$

把式(2.42)代入式(2.52)，则电池可逆电压用压强的函数表示为：

$$\left(\frac{dE}{dT}\right)_T = -\frac{\Delta\hat{v}}{nF} \tag{2.53}$$

换言之，电池可逆电压随压强的变化与反应的体积变化有关。如果反应的体积变化为负(例如，如果反应生成的气体摩尔数比反应消耗的气体摩尔数小)，则电池电压将会随着压强的增大而增大。这是勒夏特列原理的一个例子，增加系统的压强有助于反应向系统的压力减小的方向发生。

通常，只有气体物质产生一个可测的体积变化。假设理想的气体定律适用，可以把式(2.53)写成：

$$\left(\frac{dE}{dT}\right)_T = -\frac{\Delta n_g RT}{nFP} \tag{2.54}$$

与温度一样可以证明，压强对可逆电压的影响很小。正如后续的例子中提到的一样，对于一个氢－氧燃料电池，将氢气增压 3atm（常压），氧气增压 5atm（常压），可逆电压只增加 15mV。

（4）可逆电压随浓度的变化——能斯特方程

为了理解可逆电压随浓度的变化，需要引进化学势的概念。化学势度量了系统的吉布斯自由能如何随着系统的化学性质的变化而变化。系统中每种化学物质都赋有一个化学势。定义为：

$$\mu_i^{\alpha} = \left(\frac{\partial G}{\partial n_i}\right)_{T,P,n_{j\neq i}} \tag{2.55}$$

式中，μ 为物质 i 在 α 相的化学势；$(\partial G/\partial n_i)_{T,P,n_{j\neq i}}$ 为物质 i 的量有一个无穷小的增加时（当温度、压强和系统中其他物质的数量保持不变时），系统的吉布斯自由能如何变化。当改变燃料电池中化学物质的量（浓度）时，我们正在改变系统的自由能，该自由能的变化反过来改变燃料电池的电池可逆电压。要理解浓度对电池可逆电压的影响，关键是要理解化学势。

化学势和浓度通过活度 a 相联系：

$$\mu_i = \mu_i^0 + RT\ln a_i \tag{2.56}$$

式中，μ 为物质 i 在标准状态条件下的参考化学势；a_i 为物质 i 的活度。物质的活度取决于其化学性质：

- 对于理想气体，$a_i = p_i/p^0$，其中 p_i 为气体的分压，p^0 为标准态的压强（1atm）。例如，在 1atm 下，空气中 O_2 的活度约为 0.21。在 2atm 下，O_2 的活度为 0.42。虽然我们接受 $p^0 = 1\text{atm}$，然而我们经常写成 $a_i = p_i$，认为 p_i 是无量纲的压强。
- 对于非理想气体，$a_i = \gamma_i(p_i/p^0)$，其中 γ_i 为活度系数，描述与理想状态的偏离（$0 < \gamma_i < 1$）。
- 对于理想溶液，$a_i = c_i/c^0$，其中 c_i 为物质的量浓度，c^0 为标准态浓度（1mmol = 1mol/L）。例如，在 0.1mmol 的 NaCl 溶液中 Na^+ 的活度为 0.10。
- 对于非理想溶液，$a_i = \gamma_i(c_i/c^0)$。再次用 γ_i 来描述与理想态的偏离（$0 < \gamma_i < 1$）。
- 对于纯组分物质，$a_i = 1$。例如，一块纯金中金的活度为 1。铂电极中 Pt 的活度为 1。液态水的活度通常被认为是 1。

综合式（2.55）和式（2.56），对于包含 i 种化学物质的系统，吉布斯自由能的变化可以由式（2.57）计算：

$$\mathrm{d}G = \sum_i \mu_i \mathrm{d}n_i = \sum_i (\mu_i^{\ 0} + RT\ln a_i)\mathrm{d}n_i \tag{2.57}$$

考虑任意的一个化学反应，在该反应物质 A 以 1mol 为基准：

$$1\mathrm{A} + b\mathrm{B} \rightleftharpoons m\mathrm{M} + n\mathrm{N} \tag{2.58}$$

式中，A 和 B 为反应物；M 和 N 为生成物；1、b、m、n 分别为 A、B、M、N 的摩尔数。物质 A 以 1mol 为基准，对于该反应，Δg 可以通过反应物和生成物的化学势来计算（假定没有相变）：

$$\Delta\hat{g} = (m\mu_M^0 + n\mu_N^0) - (\mu_A^0 + b\mu_B^0) + RT\ln\frac{a_M^m a_N^n}{a_A^1 a_B^b} \tag{2.59}$$

注意到式(2.59)中，集总标准态化学势项表示反应中标准态的摩尔自由能变化 $\Delta\hat{g}^0$，该等式可以简化为一个最终的形式：

$$\Delta\hat{g} = \Delta\hat{g}^0 + RT\ln\frac{a_M^m a_N^n}{a_A^1 a_B^b} \tag{2.60}$$

该等式被称为范特霍夫等温方程，它告诉我们系统的吉布斯自由能作为反应物和生成物活性(浓度或气体压强)的面数是如何变化的。

由前面的热力学探索可知，吉布斯自由能和电池可逆电压的关系为：

$$\Delta\hat{g} = -nFE \tag{2.42}$$

联立式(2.60)和式(2.42)，可以把电池可逆电压表示为化学活性的函数：

$$E = E^0 - \frac{RT}{nF}\ln\frac{a_M^m a_N^n}{a_A^1 a_B^b} \tag{2.61}$$

对于一个由任意多个生成物和反应物构成的系统，该等式可以写成一个通用的形式：

$$E = E^0 - \frac{RT}{nF}\ln\frac{\prod a_{\text{products}}^{v_2}}{\prod a_{\text{reactants}}^{v_2}} \tag{2.62}$$

注意，依靠物质相应的化学当量系数去提升它的活跃度。例如，在一个包含 $2Na^+$ 的反应中，Na^+ 活度必将提升为二次方($a_{Na^+}^2$)。

这个重要的结果就是人们熟知的能斯特方程。能斯特方程勾画出了可逆的电化学电池电压和物质浓度、气体压强等之间的关系。该方程是燃料电池热力学的核心。

为了说明能斯特方程的意义，我们把它运用到氢－氧燃料电池反应中：

$$H_2 + \frac{1}{2}O_2 \rightleftharpoons H_2O \tag{2.63}$$

该反应的能斯特方程为：

$$E = E^0 - \frac{RT}{2F}\ln\frac{a_{H_2O}}{a_{H_2}a_{O_2}^{1/2}} \tag{2.64}$$

根据活度的原则，我们把 H_2 和 O_2 的活度换成它们的无量纲分压($a_{H_2} = p_{H_2}$，$a_{O_2} = p_{O_2}$)。如果燃料电池工作在100℃以下，则生成液态的水，把水的活度设为单位1($a_{H_2O} = 1$)。这样就有：

$$E = E^0 - \frac{RT}{2F}\ln\frac{1}{p_{H_2}p_{O_2}^{1/2}} \tag{2.65}$$

由此可知，为了增强反应物气体的分压而给燃料电池加压将会提高可逆电压。但是，因为该压强项出现在自然对数里，因此提高电压很微小。例如，一个室温下的氢－氧燃料电池，纯氢气的压强为3atm，而空气的压强为5atm，热力学预测的电池电压为1.244V：

$$E = 1.229 - \frac{8.314 \times 298.15}{2 \times 96400}\ln\frac{1}{3 \times (5 \times 0.21)^{1/2}} \tag{2.66}$$

$$= 1.244\text{V}$$

该电压相比于标准状态下的1.229V仅提升了15mV，因此从热力学的角度来看，试图通过给燃料电池加压，以提高电池电压是不值得的，但是在后续2.2节将会学习到，出于动力学的原因，有可能对燃料电池加压。

相反地，能斯特方程对于低压操作能给带来什么启示呢？几乎所有的燃料电池都在空气中而不是纯氧中工作，空气中只有21%的O_2，因此在1atm下，O_2在空气中的分压仅为0.21，这对于室温下氢－氧燃料电池的可逆电压有什么影响呢？

$$E = 1.229 - \frac{8.314 \times 298.15}{2 \times 96400} \ln \frac{1}{1 \times 0.21^{1/2}} \tag{2.67}$$
$$= 1.219\text{V}$$

在空气中工作的燃料电池的可逆电压只下降了10mV。同样，动力学因素可以给在空气中工作的燃料电池引入更多的电压损耗。但是，就热力学而言，在空气中工作不是什么问题。

(5)浓差电池

浓差电池的一些奇妙现象突出了能斯特方程的魅力所在。在浓差电池中，两个电极处都使用相同的化学物质，但是其浓度不同。这种电池可以产生电压，因为两个电极处电化学物质的浓度(活度)各不相同。例如，一个盐水电池的一个电极处是盐水，另一个电极处是清水。因为两个电极处盐的浓度不同，所以该盐水电池可以产生电压。

图2－5所示为氢浓差电池。该电池被铂－电解质－铂结构分隔成两部分，其中一侧是高压氢燃料箱，另一侧是低压真空箱。这种“氢燃料电池”不需要O_2和H_2反应，但是它仍然可以产生相当大的电压。因此，这种“燃料电池”甚至可以在无氧的太空中使用。这种电池产生的热力学电压与相对于真空箱的氢燃料箱中H_2浓度有关。例如，如果氢燃料箱的H_2压强为100atm，而真空箱的压强为10^{-8}atm(假设剩下的大部分是H_2)，则该装置可以产生一个由能斯特方程确定的电压：

$$E = 0 - \frac{8.314 \times 298.15}{2 \times 96400} \ln \frac{10^{-8}}{100} \tag{2.68}$$
$$= 0.296\text{V}$$

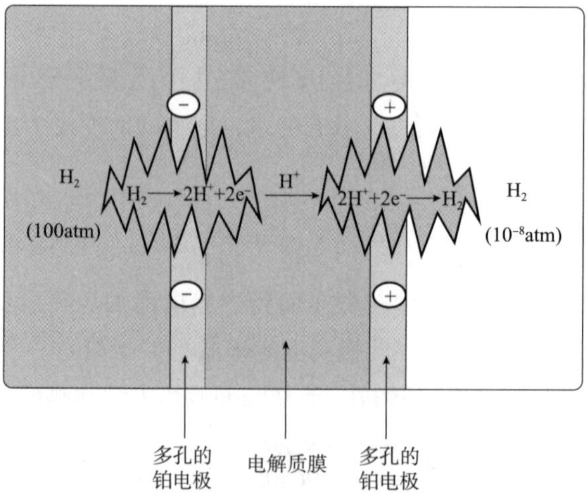

图2－5　氢浓差电池

在室温下，可以利用氢浓度的差产生将近 0.3V 的电压。电压的产生是因为膜结构两侧 H_2 的化学势差别很大。在化学势梯度的驱动下，氢燃料箱中的部分 H_2 在铂催化剂电极上分解成质子和电子，质子通过电解质到达真空箱，在这里它们又和第二个铂催化剂电极中的电子反应产生 H_2。如果这两个铂电极之间不连接，那么很快大量电子就会聚集在氢燃料箱一侧的电极上，而在真空箱一侧的电子则会耗尽，产生电势梯度。这个电势梯度阻止将质子从燃料箱往真空箱的进一步运动。当电势逐渐积累至恰好足以平衡化学势梯度时，就达到了一种平衡状态(这就像半导体 p－n 结构中建立的“内部电压”一样)。这种由于两侧电极处巨大的 H_2 浓度差建立的化学势差被逐渐积累的等量但反向的电势抵消。电势和化学势相互抵消以保持热力学平衡的概念可以用一个叫作电化学势的量来概括：

$$\tilde{\mu}_i = \mu_i + z_i F \phi_i \tag{2.69}$$

式中，$\tilde{\mu}_i$ 为物质 i 的电化学势；μ_i 为物质 i 的化学势；z_i 为物质 i 的电荷数(如 $z_{e^-} = -1$，$z_{Cu^{2+}} = +2$)；F 为法拉第常数；ϕ_i 为该物质产生的电势。在平衡时，系统中所有物质的电化学势的净变化必须为 0，换言之，电势和化学势相互抵消。对于一个反应：

$$\left(\sum_i \nu_i \mu_i\right)_{\text{products}} - \left(\sum_i \nu_i \mu_i\right)_{\text{reactants}} = -z_i F \Delta\phi_i \tag{2.70}$$

将式(2.70)和式(2.42)相比较，发现这两个公式实际上是表示同一件事情。下面的步骤类似式(2.56)～式(2.60)，可以根据电化学势重新得出能斯特方程：

$$\tilde{\mu}_i = \mu_i^0 + RT\ln a_i + z_i F \phi_i = 0 \tag{2.71}$$

重新得到能斯特方程的诀窍是写出反应物转化为生成物时电化学势的变化，同时包含了电子从阳极移动到阴极时电化学势的变化。解出电子在阴极和阳极的电势差 $\Delta\phi_{e^-}$，既是电池的电压 E。如果每摩尔化学反应有 n 摩尔电子从阳极移动到阴极，则：

$$\Delta\phi_{e^-} = E = -\frac{\Delta\hat{g}^0}{nF} - \frac{RT}{nF}\ln\frac{\prod a_{\text{products}}^{v_i}}{\prod a_{\text{reactants}}^{v_i}} \tag{2.72}$$

即给出：

$$E = E^0 - \frac{RT}{nF}\ln\frac{\prod a_{\text{products}}^{v_i}}{\prod a_{\text{reactants}}^{v_i}} \tag{2.73}$$

根据浓差电池的讨论，发现可以把氢－氧燃料电池简单地看作一个氢浓差电池。通入阴极的氧气只是用来方便地“束缚”氢气，氧气使得氢气在阴极的浓度保持在极低效的水平，从而产生显著的热力学电压。

2.1.5 燃料电池的能量转换效率

对于任何能量转换装置，效率是非常重要的。效率讨论的中心问题是“理想的”(或可逆的)效率和“真实的”(或实际的)效率。尽管你可能认为燃料电池的理想效率为 100%，但事实并不是这样。热力学告诉我们，燃料电池中可利用的电功以 ΔG 为限，燃料电池的理想效率也以 ΔG 为限。燃料电池的实际效率就更低了。实际的燃料电池总是比理想的燃料电池效率低，因为实际的燃料电池在工作中存在非理想的不可逆的能量损耗。

(1)理想的可逆燃料电池的效率

我们定义转换过程的效率 ε 为能量转换过程中提取的有用能量和总能量的比：

$$\varepsilon = \frac{\text{有用能量}}{\text{总能量}} \tag{2.74}$$

如果希望从一个化学反应中提取有用功，则效率为：

$$\varepsilon = \frac{\text{有用功}}{\Delta \hat{h}} \tag{2.75}$$

对于燃料电池，用于做功的最大能量等于吉布斯自由能。因此，燃料电池的可逆效率可以写成：

$$\varepsilon_{\text{thermo,fc}} = \frac{\Delta \hat{g}}{\Delta \hat{h}} \tag{2.76}$$

在室温和室压下，氢－氧燃料电池有：$\Delta \hat{g}^0 = -237.3\text{kJ/mol}$ 和 $\Delta \hat{h}^0 = -286\text{kJ/mol}$。即标准态下氢－氧燃料电池的可逆效率为 83%：

$$\varepsilon_{\text{thermo,fc}} = \frac{-237.3}{-286} = 0.83 \tag{2.77}$$

与燃料电池不同，传统热电机的最大理论效率由卡诺循环描述。该效率可以由经典热力学导出，在这里不重复推导，只给出一个结果：

$$\varepsilon_{\text{Carnot}} = \frac{T_{\text{H}} - T_{\text{L}}}{T_{\text{H}}} \tag{2.78}$$

式中，T_{H} 为热电机的最高温度；T_{L} 为热电机的最低温度。对于一个工作在最高温度 400℃(673K)、最低温度 50℃(323K)的热电机，可逆效率为 52%。

由卡诺方程可知，提高工作温度可以提高热电机的可逆效率。而对于燃料电池，温度的增加则表明可逆效率的降低。

图 2－6 所示为氢－氧燃料电池的可逆效率(HHV)与热机卡诺循环的可逆效率随温度变化的函数关系。燃料电池在较低温度时有显著的热力学效率的优势，但是在较高温度时这种优势会消失。注意，燃料电池效率曲线在 100℃处的弯曲。这一斜率的变化是由液态水和水蒸气的熵差引起的。

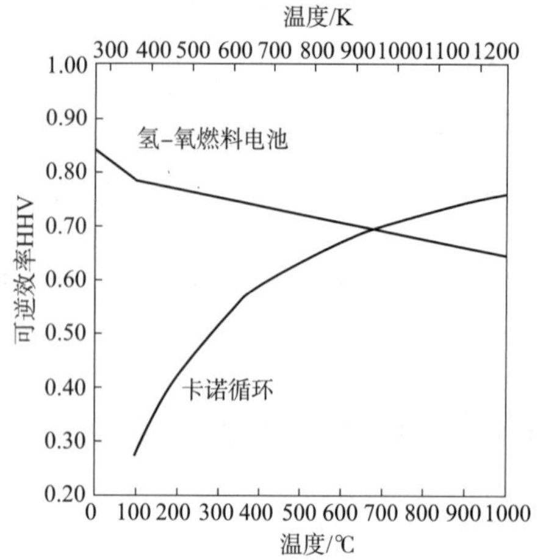

图 2－6 氢－氧燃料电池和卡诺循环的效率

(2)实际的燃料电池效率

正如前面提到的，燃料电池的实际效率总是要比可逆热力学效率低。两个主要的原因如下：

1)电压损耗；

2)燃料利用损耗。

燃料电池的实际效率 ε 可以这样计算：

$$\varepsilon_{\text{real}} = (\varepsilon_{\text{thermo}}) \times (\varepsilon_{\text{voltage}}) \times (\varepsilon_{\text{fuel}}) \tag{2.79}$$

其中各项简单讨论如下：

①可逆热力学效率 $\varepsilon_{\text{thermo}}$ 在前一节中有所描述。即使在理想条件下也不可能把燃料中所有的焓都转化为有用功。

②燃料电池的电压效率 $\varepsilon_{\text{voltage}}$，具体表现为燃料电池的不可逆的动力学影响所引起的损耗。根据前面所学内容，燃料电池的工作 $I-V$ 曲线中描绘了这些损耗。燃料电池的电压效率是燃料电池的实际工作电压(V)和燃料电池的热力学可逆电压(E)的比值：

$$\varepsilon_{\text{voltage}} = \frac{V}{E} \tag{2.80}$$

注意，燃料电池的工作电压依赖于燃料电池中产生的电流(I)，正如 $I-V$ 曲线中给出的。因此，$\varepsilon_{\text{fuel}}$会随着电流的变化而变化，电流负载越高，电压效率越低。所以，燃料电池在低负载的情况下效率较高。这与内燃机截然相反，内燃机通常是在最大负载时效率最高。

③燃料利用率 $\varepsilon_{\text{fuel}}$，是指并非供给燃料电池的所有燃料都会参与电化学反应。有些燃料可能参与了副反应而没有产生电功，有些燃料可能从电池中简单地流经而完全没有参与化学反应。那么，燃料的利用率就是用来产生电流的那部分燃料和提供给燃料电池的总燃料的比值。如果 i 是燃料电池产生的电流，v_{fuel}是为燃料电池提供燃料的速率(mol/s)，则：

$$\varepsilon_{\text{fuel}} = \frac{i/nF}{v_{\text{fuel}}} \tag{2.81}$$

如果给燃料电池提供了多余的燃料，就会产生浪费，这会反映在 $\varepsilon_{\text{fuel}}$ 中。一般来说，给燃料电池提供的燃料是根据电流而调整的，燃料的供给量总比任意负载下所需要的量多一点。燃料电池在这种方式下工作可以用化学当量因子来描述。例如，如果燃料电池提供的燃料是利用率为100%时所需燃料的1.5倍，则燃料电池是在1.5倍的化学当量下工作(对于这个燃料电池，化学当量因子 λ 为1.5)。对于工作在一个化学当量条件下的燃料电池，燃料利用率与电流无关，可以把燃料利用率写成：

$$\varepsilon_{\text{fuel}} = \frac{1}{\lambda} \tag{2.82}$$

综合热力学影响、不可逆动力学损耗和燃料利用率损耗，可以把燃料电池的实际效率写成：

$$\varepsilon_{\text{real}} = \left(\frac{\Delta \hat{g}}{\Delta \hat{h}_{\text{HHV}}}\right)\left(\frac{V}{E}\right)\left(\frac{i/nF}{v_{\text{fuel}}}\right) \tag{2.83}$$

对于一个在固定化学当量条件下工作的燃料电池，式(2.83)简化为：

$$\varepsilon_{\text{real}} = \left(\frac{\Delta \hat{g}}{\Delta \hat{h}_{\text{HHV}}}\right)\left(\frac{V}{E}\right)\left(\frac{1}{\lambda}\right) \tag{2.84}$$

在后面章节，将进一步讨论实际燃料电池中动力学损耗的内在原因。换句话说，为什么 V 和 E 会有不同。这些损耗主要和发生在燃料电池内部的化学反应、电导性及质量传输有关。

2.2 燃料电池反应动力学

在学习了“理想条件下”燃料电池的可能情况，从本节开始将讨论燃料电池反应动力学。燃料电池反应动力学讨论的是燃料电池反应如何发生的具体细节。

在最基本的层面上，燃料电池反应(或者任何电化学反应)包含在电极表面与邻近电极表面的化学物质之间的电子传输。在燃料电池中，利用热力学有利的电子传输过程来从化学能中提取电能(以电子流的方式)。之前，我们学习了如何识别具有热力学促进作用的电化学反应。这里，我们学习电化学反应的动力学。换句话说，我们学习电子传输过程发生的机理。因为每一个电化学反应结果都会导致一个或多个电子的传输，所以燃料电池产生的电流(单位时间的电子数)取决于电化学反应的速率(单位时间内的反应数)。因而提高电化学反应的速率对于燃料电池性能的改善是至关重要的。本节将介绍催化作用、电极设计和其他提高电化学反应速率的方法。

2.2.1 电极动力学基础

所有电化学反应都包含在电极和化学物质之间的电荷(电子)传输，这是电化学反应与化学反应的本质区别。在化学反应中，电荷的传输直接发生在两种化学物质之间，没有自由电子的释放。

由于电化学涉及电极和化学物质之间的电荷传输，所以电化学过程必然是异相的。如 H_2 的氧化反应这一电化学过程：

$$H_2 \rightleftharpoons 2H^+ + 2e^- \tag{2.85}$$

只能发生在电极和电解质之间的界面上。图 2-7 所示为 H_2 和质子不能存在于金属电极中而自由电子不能存在于电解质中。因此，在 H_2、质子和电子之间的反应必须发生在电极和电解质的交界处。

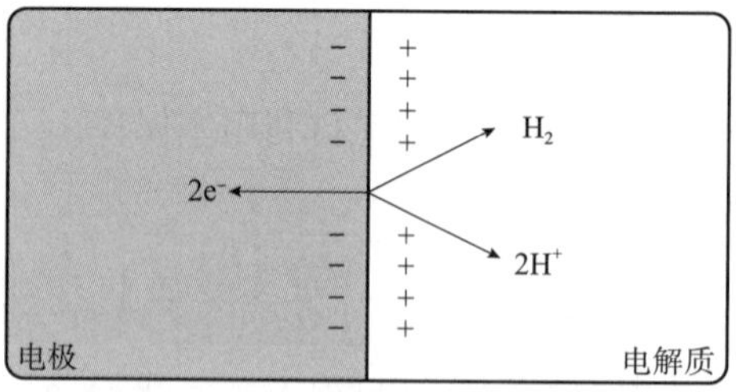

图 2-7 电化学反应是异相的

由于电子是通过电化学反应产生或消耗的，电化学反应产生的电流(i)是一种电化学反应速率的直接度量。电流的单位是安培(A)，1A = 1C/s。由法拉第定律：

$$i = \frac{dQ}{dt} \tag{2.86}$$

式中，Q 为电荷，C；t 为时间，s。因而，电流表示电荷的传输速率。如果每个电化学反应结果导致 n 个电子的传输，则：

$$i = nF\frac{dN}{dt} \tag{2.87}$$

式中，dN/dt 是电化学反应的速率，mol/s；F 为法拉第常数(法拉第常数是电子摩尔数转化为库仑电荷数所必需的)。

如果对一个流速积分，我们得到一个总量。积分法拉第定律得到：

$$\int_0^t i\mathrm{d}t = Q = nFN \tag{2.88}$$

如果用以库仑计量的累计电荷量 Q 衡量，那么产生的全部电量将正比于电化学反应中反应的物质的摩尔数。

由于电化学反应仅发生在界面处，所以产生的电流通常直接同界面的面积成正比。将反应的有效界面面积翻倍将使反应速率翻倍，因此，电流密度(单位面积上的电流)比电流更基本，它使得不同界面发生的反应可以单位面积为基础进行比较。电流密度 j 的单位是 A/cm^2：

$$j = \frac{i}{A} \tag{2.89}$$

式中，A 为面积。同电流密度的方式相似，电化学反应的速率也可以单位面积为基础表示。我们设定单位面积反应速率的符号为 v，则：

$$v = \frac{1}{A}\frac{dN}{dt} = \frac{i}{nFA} = \frac{j}{nF} \tag{2.90}$$

电势(电压)是电子能量的一种计量方法。根据能带理论，金属中电子的能量由费米能级来计量。通过控制电极电势，我们可以控制电化学系统中电子能量(费米能级)，以此来影响反应的方向。例如，考虑在一个电极上某化学物质的氧化物(Ox)和还原物(Re)之间发生的一般的电化学反应：

$$\mathrm{O}x + e^- \rightleftharpoons \mathrm{R}e \tag{2.91}$$

一方面，如果使电极电势比平衡电势相对更负，反应将偏向 Re 的生成(考虑一个更负的电极使电极对电子很不“友好”，迫使电子离开电极，进入电活性物质)。另一方面，如果使电极电势比平衡电势更正，反应将向 Ox 生成的方向偏转(一个更正的电极将吸引电子到达电极，将它们“拉出”电活化物质)。图 2-8 所示为电极电势对电化学反应方向的影响。

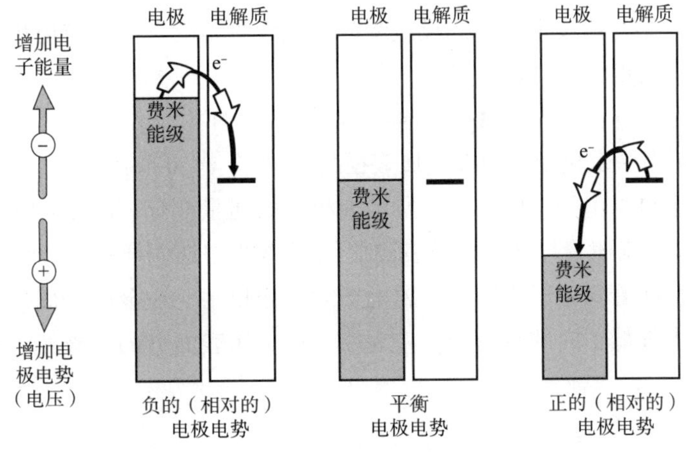

图2-8 电极电势对电化学反应方向的影响

利用电势控制反应是电化学反应的关键。之后，我们将更全面地拓展这一原理，以便理解速率(进而电化学反应产生的电流)同电池电压的关系。

显然，一个电化学反应，或者其他类似反应的速率都是有限的。这说明电化学反应所产生的电流是有限的。从能量角度看，由于能垒的存在(称为活化能)会阻碍反应物向生成物的转化，反应速率仍然是有限的。如图 2－9 所示，反应物要转化为生成物，它们必须先越过这个活化“山丘”。反应物能越过这一山丘的概率决定了这个反应发生的速率。在下一节，我们将讨论为什么电化学反应会存在活化能。

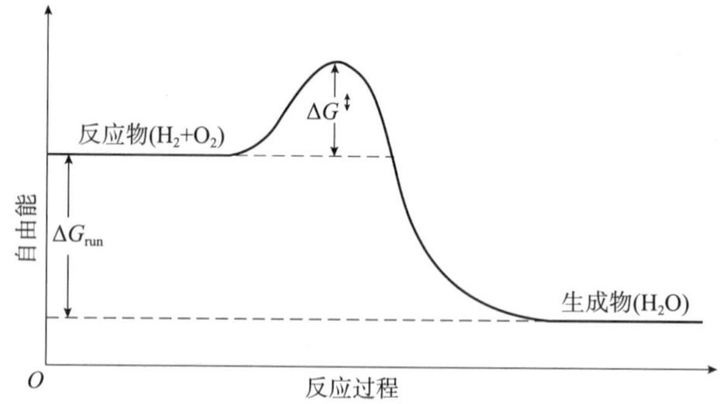

图 2－9　活化能垒限制反应速率

2.2.2　活化能、反应速率与电势

即使像氢气氧化反应这样的基本反应，实际上都包含一系列更简单的基本步骤。例如总反应：$H^2 \rightleftharpoons 2H^+ + 2e^-$ 可能是按下面几个基本步骤顺序进行的：

(1)氢气到电极的质量传输；

(2)氢气在电极表面的吸附；

(3)氢分子分裂成两个独立束缚于电极表面的氢原子(化学吸附)；

(4)电子从化学吸附的氢原子中传输到电极，同时释放 H^+ 到电解质中；

(5)H^+ 远离电极的质量传输。

如同一支部队只能按照他们中最慢成员的步调前进一样，总的反应速率将受到这个序列中最慢步骤的限制。假设上面总的反应受限于化学吸附的氢和金属电极之间的电子传输步骤[步骤(4)]。该步骤可以表示成：

$$M\cdots H \rightleftharpoons (M + e^-) + H^+ \tag{2.92}$$

式中，M…H 为一个化学吸附在金属表面的氢原子；$(M + e^-)$ 为一个释放后的金属表面和金属中的一个自由电子。图 2－10 所示为相应的能量变化。图 2－10 中的曲线①，描述了吸附 H^+ 的自由能随着与金属电极表面之间距离的增加而增加。我们知道氢原子不是很稳定的，稳定性随着氢原子吸附到金属电极表面而提高。在金属表面化学吸附使氢部分满足它的键合要求降低了它的自由能。将氢原子从金属表面分隔开破坏了这种束缚，因而增加了自由能。

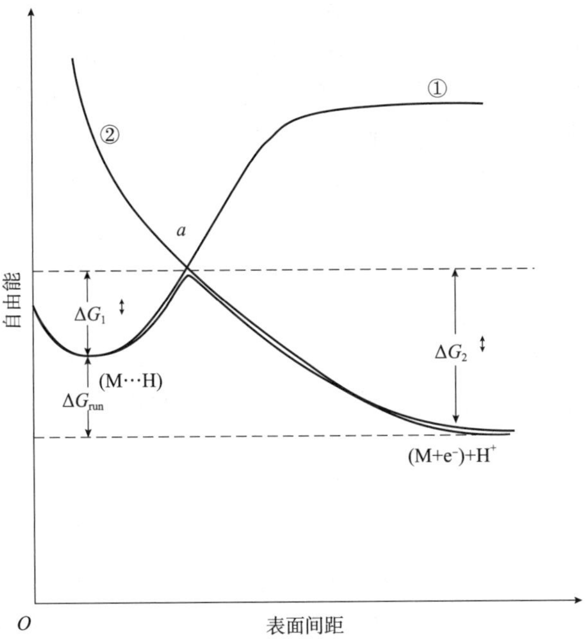

图 2－10 吸附氢电荷转移反应能量示意

图 2－10 中的曲线②，代表电解质中 H^+ 的自由能。这条曲线显示，将 H^+ 带近金属表面需要能量，以克服带电离子和金属表面间的排斥力。这种能量随着 H^+ 越来越靠近金属表面而急剧增加，因为就能量角度而言，H^+ 存在于金属内是不受欢迎的。当 H^+ 深入电解质中，远离金属表面时，其自由能最低。

图 2－10 中黑色实线表示从化学吸附的氢转化为 H^+ 和 $(M+e^-)$ 的"最容易"(最小)能量路径。这条能量路径必然包含了一个需要克服的自由能最大值。这个最大值的发生是由于任何能量稳定的反应物与生成物状态之间的偏差都涉及了一个自由能的增加(如曲线①和曲线②具体所示)。图中标记为 a 的点称为活化态。处于活化态的物质克服了自由能垒，它们可以不受任何阻碍地转化为生成物或者反应物。

只有处于活化态的物质能够经历从反应物到生成物的转化。因而，反应物到生成物的转化速率取决于反应物能处于活化态的概率。当评估一个反应的总速率时，我们必须同时考虑反应的正向速率和逆向速率。净速率定为正向反应和逆向反应之间的速率差。例如，化学吸附的氢反应可以分解成正向反应和逆向反应：

$$\text{正向反应：} M\cdots H \longrightarrow (M+e^-)+H^+ \tag{2.93}$$

$$\text{逆向反应：} M\cdots H \longleftarrow (M+e^-)+H^+ \tag{2.94}$$

正向反应的相应反应速率为 v_1，逆向反应的相应反应速率为 v_2。净反应速率 v 定义为：

$$v = v_1 - v_2 \tag{2.95}$$

通常，正向和逆向的反应速率可能不相等。在化学吸附氢反应的例子中，图 2－10 的自由能图显示正向反应的活化能垒比逆向反应的活化能垒小得多($\Delta G_1^{++} < \Delta G_2^{++}$)。在这种

情况下，它表明正向反应速率比逆向反应速率大得多。

观察化学吸附氢反应的化学自由能路径，同反应物态（M…H）相比，生成物态[（$M+e^-$）$+H^+$]具有更低的自由能，这将导致正向对逆向不平衡的活化能垒。因而，如之前讨论的，我们预料正向反应速率比逆向反应速率快。然而，这些不相等的速率迅速导致电荷的增加，e^-在金属电极积聚，H^+在电解质中积聚。电荷不断积聚直到产生的反应界面的电势差（$\Delta\phi$）恰好抵消了反应物和生成物间化学自由能态的差别。这一平衡正好表达了关于电化学平衡的热力学描述。化学能和电势的综合净能量平衡导致正向反应速率和逆向反应速率相等。如我们之前看到的，平衡反应的速度与交换电流密度j_0相当。

我们从氢反应角度得出了上述结论，而在燃料电池阴极的氧气反应也可以同样简单描述。如同在氢气反应中，反应物与生成物状态间的化学自由能差将会导致一个电势差。在平衡时，两种能量贡献平衡，导致零净反应的动态平衡。

阳极和阴极的界面电势差之和产生了燃料电池总的热力学平衡电压，阳极（$\Delta\phi_{阳极}$）和阴极（$\Delta\phi_{阴极}$）界面电势称为伽伐尼电势。伽伐尼电势的确切数值至今还不清楚，这里不讨论相关的原因。尽管科学家们知道阳极和阴极的伽伐尼电势必须加起来以给出整体电池的净热力学电压（$E^0=\Delta\phi_{阳极}+\Delta\phi_{阴极}$），但是他们还不能判断这一电势多大程度上归因于阳极界面或是阴极界面。

电化学反应的一个明显特征是通过改变电池电压来操控活化能垒的大小。在所有电化学反应中，带电的物质要么包含在反应物中，要么在生成物中。带电物质的自由能对电压很敏感。因而，改变电池电压将改变参与反应的带电物质的自由能，从而影响活化能垒的大小。

如果忽略反应界面的全部伽伐尼电势所带来的益处，可以偏转系统的能量以至于正向反应是有利的。通过牺牲部分热力学有用的电池电压，电池可以产生一个净电流。阳极和阴极的伽伐尼电势都会降低（虽然不必等量地降低），以便于从燃料电池中获得电流。

2.2.3 简化反应动力学

当处理燃料电池反应动力学时，常用两个有用的近似来简化动力学。这些近似可以在活化过电势（η_{act}）非常小或非常大时应用：

（1）当η_{act}非常小时，对于小的η_{act}（室温下小于15mV），可以进行指数项的泰勒展开，同时忽略次数高于1次的项（对于小的x，$e^x\approx1+x$）。这种处理结果得到：

$$j=j_0\frac{nF\eta_{act}}{RT} \tag{2.96}$$

这说明电流和过电势在较小偏离平衡态时呈线性关系，而且与α无关。理论上说，j_0的值可以通过在低η_{act}（如低电流密度）条件下测量j相对于η_{act}的变化而得到。如之前讲到的，j_0对燃料电池性能至关重要。但是，实验误差源如杂质电流、欧姆损失和质量传输效应等都会给这种测量带来困难。取而代之，j_0值通常在过电势较高时测量得到。

（2）当η_{act}非常大时，对于大的η_{act}（室温下大于50mV），可以简化为：

$$j=j_0e^{\alpha nF\eta_{act}/(RT)} \tag{2.97}$$

解此方程得：

$$\eta_{act} = -\frac{RT}{\alpha nF}\ln j_0 + \frac{RT}{\alpha nF}\ln j \tag{2.98}$$

η_{act}对 $\ln j$ 的曲线应该是一条直线。通过拟合 η_{act}对 $\ln j$ 或 $\lg j$ 可以获得 j_0 和 α。对于较好的结果，拟合效果应该使电流至少在一个数量级甚至更多的范围内保持一致。如果将等式概括为下面的形式：

$$\eta_{act} = a + b\lg j \tag{2.99}$$

此式称为塔菲尔公式，b 被称为塔菲尔斜率。这一方程对电化学动力学也是非常重要的。它起初是基于电化学观察而产生的经验公式。

对于燃料电池，我们主要关心有大量净电流产生的情况。这种情况对应于一个正向反应占主要地位的不可逆的反应过程。因此，塔菲尔公式在绝大部分讨论中被证明是非常有用的。在高过电势条件下，线性塔菲尔公式应用得很好。然而在低过电势条件下，塔菲尔公式近似偏离了反应动力学。

2.2.4 动力学性能改善方法

改善动力学性能根源于增加 j_0。为了理解如何提高 j_0，让我们先回忆一下 j_0 是如何定义的。记住，j_0 代表平衡状态下反应物和生成物间“交换速率”。我们既可以从正向也可以从逆向定义 j_0。简单起见，取正向反应并同时考虑浓度效应：

$$j_0 = nFc_R^* f_1 e^{-\Delta G_1^{++}/(RT)} \tag{2.100}$$

观察上式，显然我们不能改变 n、F、f_1(不能显著地)或 R。因而，我们只有 3 种方法提高 j_0。实际上，有 4 种方法可以提高 j_0，虽然第 4 种方法在式中并不易显现。它们分别是：

(1)增加反应物浓度 c_R^*；

(2)降低活化能垒 ΔG_1^{++}；

(3)提高温度 T；

(4)增加反应场合(如增加反应界面的粗糙度)。

下面分别讨论各项。

1)增加反应物浓度

在上一节，我们注意到增加反应物浓度带来的热力学好处很少，主要是由于能斯特公式的对数形式。作为对比，增加反应物浓度对于动力学意义是显著的，这个影响呈线性关系而不是对数关系。使燃料电池工作在较高的压力下，就可以提高气体反应物的浓度，也就相应改善了动力学。但是，降低反应物浓度带来的动力学损失也同样的显著。

在实际的燃料电池中，由于某些原因，动力学反应物浓度效果通常对动力学性能不利。其中包括：首先，大部分燃料电池阴极使用空气而不是纯氧。同纯氧操作相比，这将导致氧气还原动力学下降约 1/5。其次，在高电流密度条件下工作的燃料电池，反应物浓度在电极处趋于降低(由于质量传输的限制)。基本上，在电极处反应物的消耗快于被补充的速度，这导致局部反应物浓度降低。这种损耗效应导致动力学进一步损失。这种动力学和质量传输的交互作用是浓度损失效应的核心。

2)降低活化能垒

从交换电流密度 j_0 计算公式可知，降低活化能垒 ΔG_1^{++} 的大小可以提高 j_0。ΔG_1^{++} 的降低代表电极表面的催化影响：催化电极是指一种可以显著降低反应的活化能垒的电极。由于 ΔG_1^{++} 出现在指数项，即使很小的活化能垒的降低也可以引起很大的效果，因而使用一种高效催化电极就表明提供了一种急剧提高 j_0 的方法。

催化电极如何降低活化能垒呢？通过改变反应表面的自由能。氢电荷传输反应的活化能垒大小同[M…H]和[$(M+e^-)+H^+$]自由能曲线的形状相关。因而，不同的自由能曲线和不同的活化能垒取决于 M…H 键的化学性质。

对于氢电荷传输反应，一个强度适中的键可以提供最好的催化效果。为什么适中强度的键最有效呢？一方面，如果[M…H]键过弱，则氢很难在初次接触电极表面就缚于其上，进而又难以将电荷从氢中传输到电极。另一方面，如果[M…H]键过强，则氢缚在电极表面太牢固，难以释放自由质子(H+)，而且电极表面会布满不能反应的[M…H]对。束缚和反应性之间最优的妥协方案是适中强度的[M…H]键。这一催化活性的极值同铂系列金属和它们近邻金属(如 Pt、Pd、Ir 和 Rh)的催化特性相等。

3)提高温度

提高反应温度也会增加 j_0。通过增加反应温度，我们可以增加系统中可用的热能，这时系统中所有粒子会四处移动，振动强度增加。这种高度的热活性增加了反应物获得足够能量以达到活化态所需的可能性，因而增加了反应速率。如同改变活化能垒那样，改变温度对 j_0 也有指数影响。

现实情况中，关于温度的完整描述较上述更复杂些。在高过电势阶段，提高温度实际上会降低电流密度。

4)增加反应场合

第 4 种增加 j_0 的方法是增加单位面积上可能的反应场合数量。电流密度通常基于一个电极平面或者投影的几何面积，如果一个电极表面极其粗糙，那么真实的电极表面面积将会是电极几何面积的几个数量级倍数。单就动力学而言，同一个光滑的电极表面相比，一个非常粗糙的电极表面可以提供更多的反应场所。因而，一个粗糙电极表面有效的 j_0 会比一个光滑电极表面的 j_0 大。

2.3 燃料电池电荷传输

前一节关于反应动力学，我们详细论述了电化学产生电能中最关键的步骤之一：通过半电化学反应产生和消耗电荷。在本章中，将论述电化学产生电能中另一个同等重要的步骤——电荷传输。在电化学系统中，电荷传输通过将电荷从产生它们的电极移动到消耗它们的电极“使电路完整了”。

在电化学反应中主要有两种带电物质：电子和离子。因为在电化学反应中电子和离子都有涉及，两种电荷都需要传输。电子与离子的传输有本质的不同，主要是因为两者质量的巨大差异。在大多数燃料电池中，离子电荷的传输远比电子电荷的传输难，因而我们主要关心离子的导电性。

电荷传输的电阻将导致燃料电池的电压损耗。由于这一电压损耗遵循欧姆定律，它也称为欧姆损耗或 IR 损耗。通过使用尽可能薄的电解质膜和使用高电导材料，燃料电池的欧姆损耗可以最小化。下面将对离子电荷传输基本机制进行讨论，并且综述一些最重要的电解质材料类别，以便寻求高离子导电性材料。

2.3.1 电荷移动与电荷流动量

电荷穿过一种材料的速率定量为流通量(flux)(用符号 J 表示)。流通量衡量流体在单位时间内流过一种材料单位面积上的多量。图 2－11 所示为流通量示意：设想水以 10L/s 的体流速流过这段管道。如果将这一流速除以管道的横截面积(A)，就得到水沿管道流动的体流通量 J_A。换句话说，J_A 给出了通过管道单位面积的水的流速。注意，流通量和流速不是一回事。通过计算流通量，并用截面积将流速标准化。

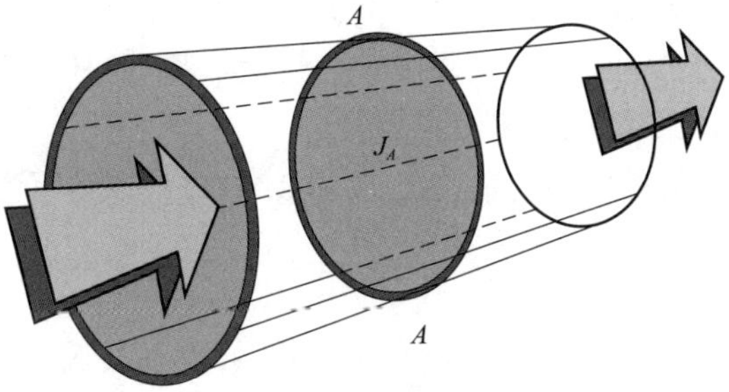

图2－11 流通量示意

最常用的流通量类型是摩尔流通量[通常单位是 mol/(cm² · s)]。电荷流通量是一种特殊的流通量类型，它衡量单位时间内流过单位面积的某种材料的电荷量。通常电荷通量的单位是 $C/(cm^2 \cdot s) = A/cm^2$。从这些单位，你可能意识到电荷通量等同于电流密度。为了表示电荷通量代表一种电流密度，而单位不同于摩尔通量，我们给予它符号 j。

$$j = z_i F J \tag{2.101}$$

$z_i F$ 用来将摩尔通量 J 转化为电荷通量 j，其中 z_i 表示载体的电荷数，F 为法拉第常量。

在所有材料中，必须有一个力作用在电荷载体(材料中可移动的电子或离子)上以发生电荷传输。如果没有力作用在电荷载体上，它们就没理由移动。传输的控制方程(在一维方向中)可以概括为：

$$J_i = \sum_k M_{ik} F_k \tag{2.102}$$

式中，J_i 为物质 i 的流通量；F 为作用在物质 i 上的 k 种不同的力；M_{ik} 为力和流通量之间的耦合系数。该耦合系数反映一种物质以运动方式响应某种力的相对能力，以及这种驱动力本身的有效强度。因而，耦合系数既是移动物质的性质也是移动物质所要通过的材料的性质。这个一般性的等式对于各种传输(电荷、热、质量等)都有效。燃料电池中有 3

种主要的驱动力会引起电荷传输。这些力是：电学驱动力（表现为电势的梯度 dV/dx）、化学驱动力（表现为化学势的梯度 $d\mu/dx$）和机械驱动力（表现为压强梯度 dP/dx）。

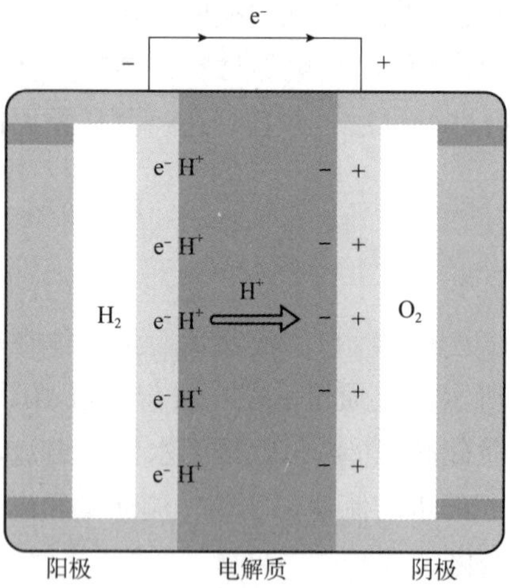

图 2－12　氢－氧燃料电池电荷传输

我们以熟悉的氢气－氧气质子交换膜燃料电池为例，看看这些力如何引起燃料电池中电荷传输（图 2－12）。当氢气在电池中反应时，质子和电子在阳极积累，它们同时在阴极消耗。在两个电极处电子的积累/消耗产生了电势梯度，驱动电子从阳极输运到阴极。在电解质中质子的积累/消耗导致了电压梯度和浓度梯度，这两种耦合的梯度则驱动质子从阳极输运到阴极。

在金属电极中，只有电压梯度可以驱动电子电荷传输。然而在电解质中，浓度（化学势）梯度和电压（电势）梯度都会驱动离子传输。在大多数情况下，电学驱动力在燃料电池运动中起主要作用。换句话说，质子积累/消耗的电学效果在电荷传输方面远比质子积累/消耗的化学浓度效果更重要。

对于电学驱动力占优势的电荷传输情况，式(2.102)可以重写为：

$$j = \sigma \frac{dV}{dx} \tag{2.103}$$

式中，j 为电荷流通量（非摩尔流通量）；dV/dx 为电荷传输提供驱动力的电场；σ 为电导率衡量一种材料在电场的作用下允许电荷流动的性质。式(2.102)的重要性在于其简化了燃料电池电荷传输的条件。在某些较少的场合下，浓度效果和电势效果可能都重要，这时电荷传输等式变得相当复杂。

比较式(2.102)和式(2.103)，显然电导率 σ 就是描述流通量和电学驱动力之间关系的耦合系数的名词。描述化学势（浓度）梯度引起传输的耦合系数称为扩散率。对于压强梯度引起的传输，相应的耦合系数为黏度。这些电荷传输过程用摩尔流通量表示，见表 2－1。

表 2－1　电荷传输相关的传输过程

传输过程	驱动力	耦合系数	方程式
传导	电势梯度 $\frac{dV}{dx}$	电导率 σ	$J = \frac{\sigma}{\lvert z_i \rvert F}\frac{dV}{dx}$
扩散	浓度梯度 $\frac{dc}{dx}$	扩散率 D	$J = -D\frac{dc}{dx}$
对流	压强梯度 $\frac{dp}{dx}$	黏度 μ	$J = \frac{Gc}{\mu}\frac{dp}{dx}$

注：表中对流传输等式基于 Poiseuille 定律，其中 G 为几何常数，c 为传输物质的浓度。对流流通量通常简单计算为 $J = vc_i$，其中 v 为传输速度。

2.3.2 电荷传输中的电压损失

电荷传输不是一个无摩擦过程，它需要一定的代价。对于燃料电池，电荷传输的不利结果就是电池电压的损失。为什么电荷传输会导致电压损失呢？答案是燃料电池中的导体不是完美的——它们对于电荷流过会有本征的阻碍。

图2－13所示为通过均匀导体的电荷传输示意。该导体的截面积为A、长度为L。把这些几何参数代入电荷传输式(2.103)，就有：

$$j=\sigma\frac{V}{L} \tag{2.104}$$

解V得到：

$$V=j\left(\frac{L}{\sigma}\right) \tag{2.105}$$

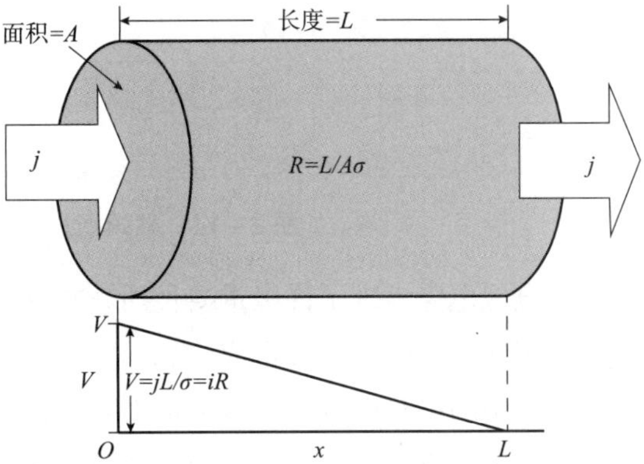

图2－13 通过均匀导体的电荷传输示意

意识到这一等式同欧姆定律：$V=iR$相似。实际上，由于电荷流通量(电流密度)和电流关系为$i=jA$，可以将上式重写为：

$$V=i\left(\frac{L}{A\sigma}\right)=iR \tag{2.106}$$

其中，我们定义$L/A\sigma$为导体的电阻R。等式中电压V表示为了使电荷的传输速度为i所需要施加的电压。因而，该电压代表损失；它是为了实现电荷传输所消耗或牺牲的电压。这个电压损失的产生是由于导体对于电荷传输的本征电阻，表现为$1/\sigma$。

由于这个电压损失遵循欧姆定律，所以称其为“欧姆”损失。像前一节中介绍活化过电势(η_{act})一样，用符号η表示这种电压损失。为清楚起见，将其标记为η_{ohmic}以与η_{act}区别。重写式(2.106)以反映我们的命名同时明确地包含燃料电池电阻中电子(R_{elec})和离子(R_{ionic})的贡献，得到：

$$\eta_{ohmic}=iR_{ohmic}=i(R_{elec}+R_{ionic}) \tag{2.107}$$

由于离子电荷传输倾向于比电子电荷传输更难，那么离子对R_{ohmic}的贡献倾向于占主要作用。

工作状态的燃料电池电解质中，电压梯度的方向通常好像不直观。虽然燃料电池的总电压从阳极到阴极上升，但是电解质阳极一侧和阴极一侧之间的电池电压必须下降，以提供驱动电荷传输的驱动力。

2.3.3 电荷传输电阻特性

如式(2.107)所示，电荷传输使得电池工作电压随电流增加而线性降低。图2－14形象地显示了这一效果。显然，如果燃料电池电阻降低，电池的性能将会改善。

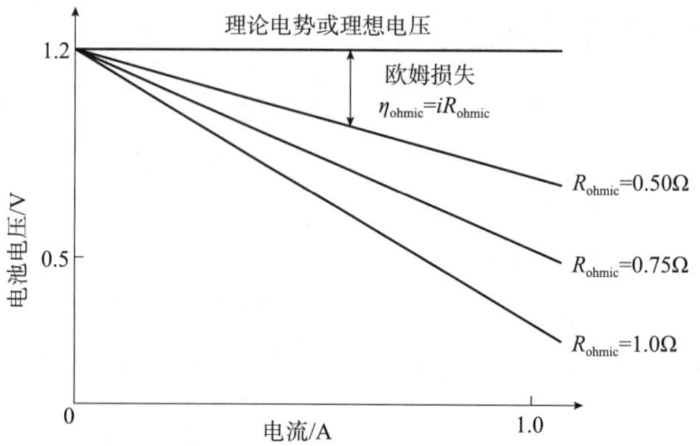

图 2 – 14　欧姆损失对燃料电池性能的影响

燃料电池电阻表现了许多重要性质。首先，如式(2. 106)清楚表示的，电阻依赖于几何形状。燃料电池电阻同面积成比例：为了规范化以消除这一效应，面积比电阻常被用来比较不同大小的燃料电池。燃料电池电阻也同厚度成比例变化，由于这一原因燃料电池电解质通常做得尽可能薄。另外，燃料电池电阻是可相加的，在燃料电池内不同区域发生的电阻损失可以连续相加。对燃料电池电阻的各种成分的研究发现，燃料电池电阻中离子(电解质)成分通常起主要作用。因而，性能的改善可以通过研发更好的离子导体而获得。下面将逐一讲述这些要点。

(1)电阻随面积的比例变化

由于燃料电池通常以单位面积为基础，并用电流密度而不是电流进行比较，所以在讨论欧姆损失时通常有必要使用面积标准化的燃料电池电阻。面积标准化的电阻也称为面积比电阻(ASR)，单位是 $\Omega \cdot cm^2$。通过使用面积比电阻，欧姆损失可以由电流密度计算为：

$$\eta_{ohmic} = j(ASR_{ohmic}) \tag{2.108}$$

式中，ASR_{ohmic} 为燃料电池的面积比电阻。面积比电阻说明燃料电池的电阻同面积等比例变化，因而允许不同面积的燃料电池进行比较。其计算方法为燃料电池的欧姆电阻乘以面积：

$$ASR_{ohmic} = A_{fuelcell}R_{ohmic} \tag{2.109}$$

注意，必须将面积乘以电阻得到面积比电阻。这一计算开始看上去也许并不直观，因为大型燃料电池同小型燃料电池相比具有大得多的面积供电流流过，然而以单位面积为基础它们的电阻可能是相同的，因而大型燃料电池的电阻必然要乘以其面积。如果回忆式(2. 106)中电阻的原始定义，这一概念可能更好理解为：

$$R = \frac{L}{A\sigma} \tag{2.110}$$

因为电阻同面积成反比，所以乘以面积才能得到独立于面积的电阻。图 2 – 15 所示为两块燃料电池的面积比电阻对比。在电流密度 $1A/cm^2$ 下，计算两块燃料电池的欧姆电压损失。哪一块电池会有更大的欧姆电压损失？

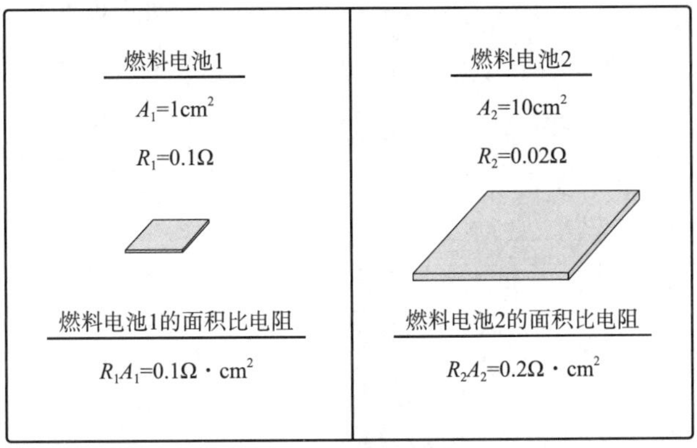

图 2－15 两块燃料电池的面积比电阻对比

(2)电阻随厚度的比例变化

根据式(2.106)可知，电阻不仅同导体的横截面积有关，还与导体的长度(厚度)有关。如果用面积比电阻归一化，则

$$ASR = \frac{L}{\sigma} \tag{2.111}$$

导体长度 L 越短，电阻越低。较短的路径导致较低的电阻，这是很直观的。

由于离子电导率比金属中的电子电导率低几个数量级，所以将燃料电池电解质电阻最小化是至关重要的。因而，我们想要阳极和阴极间离子的路径尽可能短，也就是燃料电池的电解质尽可能最薄。虽然降低电解质厚度会改善电池性能，但是有几个现实问题限制了电解质膜的薄度。最重要的限制是：

1)机械完整性。对于固体电解质，膜不宜做得很薄，因为太薄会使膜容易破裂或者导致针孔出现。膜的失效会导致燃料与氧化物灾难性地混合。

2)非均匀性。即使机械强度足够，如果电池内膜厚度有相当大的变化，即使无孔的电解质也可能失效，因为较薄的电解质区域可能成为容易迅速破损或失效的“热点”。

3)短路。超薄的电解质(固态或液态)容易导致短路，特别是电解质厚度同电极粗糙度在同一数量级时。

4)燃料渗透。随着电解质厚度降低，反应物的渗透可能上升，这将导致不希望的附加损失，这种损失最终会变得非常巨大，以至进一步降低厚度会适得其反。

5)接触电阻。部分电解质电阻同电解质和电极之间的界面相关联，这种“接触”电阻独立于电解质厚度。

6)绝缘击穿。固态电解质膜厚度的最终物理限制由电解质的绝缘击穿特性决定，当电解质薄得使穿过膜的电场超过材料的绝缘击穿电场时，即达到这一极限。

对于大部分固态电解质材料，如绝缘击穿电场预测的最终厚度极限为几纳米量级。然而，根据电解质材料的不同，上面列出的其他现实的局限性，使得电解质目前可以达到的厚度为 10～100μm。

燃料电池所表现出来的总的欧姆电阻实际上是来自器件的不同部件电阻值的集合。根

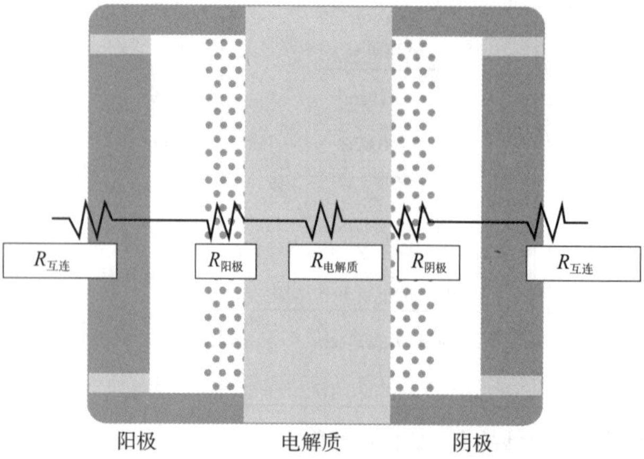

图 2-16 燃料电池的电阻可加性

据所需的精度，可以将电阻独立地分配给电学互连、阳极电极、阴极电极、阳极催化层、阴极催化层、电解质等(图 2-16)，也可以归因于电池内不同层间界面相关的接触电阻(如流体结构/电极接触电阻)。由于燃料电池产生的电流必须连续地流过所有这些区域，燃料电池的总电阻是所有独立电阻的简单求和。但是，实验上很难区分出所有这些各式各样的电阻损失。

在组装成一个器件前——测量燃料电池内各组件(如电极、流体结构、互连和膜)的电阻是相对容易的实验工作，然而这些测量结果并不能完全地反映一个燃料电池真实的总电阻。接触电阻、封装过程和工作条件的改变都会使燃料电池总电阻难以预测。这些因素使表征燃料电池极具挑战性，并强调了现场测量电池特性的必要性。尽管实验上难以查明所有燃料电池电阻损失的源头，但是对于大部分燃料电池器件而言，电解质导致最大的电阻损失。

(3) 离子(电解质)电阻在燃料电池中的占比

燃料电池中最好的电解质的离子电导率通常约为 0.10Ω·cm。即使厚度为 50μm(非常薄)，这也将产生 $0.05\Omega \cdot cm^2$ 的 ASR。相比之下，50μm 厚的多孔碳布电极却只有小于 $5\times10^{-6}\Omega \cdot cm^2$ 的 ASR。这说明电解质电阻通常在燃料电池中占主导作用。

精心设计的燃料电池总的 ASR 在 $0.05 \sim 0.10\Omega \cdot cm^2$ 范围，而电解质电阻占据了总值的大部分。如果电解质厚度不能缩小，降低欧姆损耗就依赖于找到高 σ 的离子导体。目前使用最广泛的电解质为 3 种类型：水溶液、聚合物和陶瓷电解质，这 3 类电解质的导电原理和材料特性非常不同。

2.3.4 电导率

(1) 电导率的物理意义

电导率定量地表示在一个电场驱动下一种材料允许电荷流动的能力。换句话说，电导率是一种材料适宜电荷传输好坏的度量。材料的电导率受两个主要因素的影响：有多少载流子可以传输电荷和这些载流子在材料中的迁移率。下面的公式从这些方面定义了 σ：

$$\sigma_i = (|z_i|F)c_i u_i \tag{2.112}$$

式中，c_i 为电荷载流子的物质的量浓度(单位体积内有多少摩尔的载流子)；u_i 为电荷载流子在这种材料中的迁移率；$|z_i|F$ 为将载流子浓度从摩尔单位转化为库仑单位必要的量，这里 z_i 为载流子的电荷数，函数的绝对值确保电导率总是一个正值；F 为法拉第常数。

因而，材料的电导率由其载流子浓度 c_i 和载流子迁移率 u_i 决定。这些特性反过来由材料的结构和导电机制设定。到目前为止，我们学习的电荷传输方程对于电子和离子导电同等适用。然而，现在需将它们的路径分开，因为电子导电机制和离子导电机制非常不同，所以电子电导率和离子电导率也很不相同。

(2)电子导体与离子导体的对比

电子对比离子基本性质的不同导致电子对比离子传导机制的不同。图 2－17 对比了典型电子导体(金属)和典型离子导体(固态电解质)。

图 2－17(a)所示为金属电子导体的自由电子模型。在该模型中，同金属原子联系的价电子可以脱离开原子晶格，在金属中自由移动。同时，金属离子保持不变且不能移动。自由价电子构成了一个可移动电荷“海”，可以响应外加电场而移动。

图 2－17(b)所示为固态离子导体的跳跃模型。该离子导体的晶体晶格由正离子和负离子组成，它们都固定在特定的晶格位置。偶然情况下，材料中会出现有如丢失原子(“晶格空位”)或者额外原子(“填隙原子”)这样的缺陷。电荷传输就是通过材料内这些缺陷点对点地“跳跃”实现电荷传输。

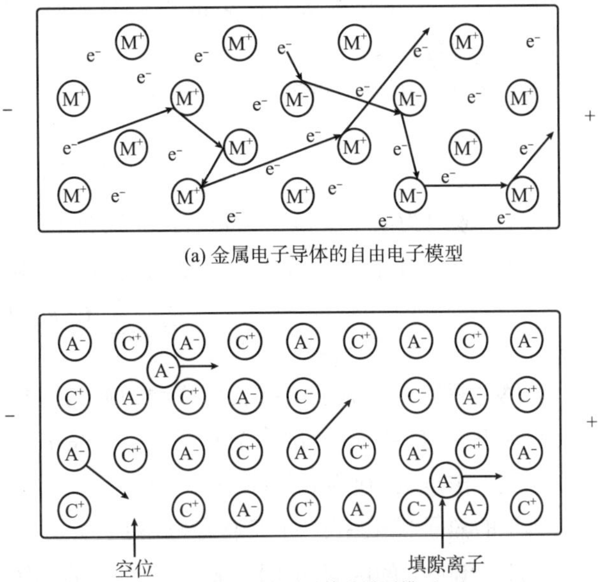

(a) 金属电子导体的自由电子模型

(b) 固态离子导体的跳跃模型

图 2－17　电荷传输机制示意

两种导体结构上的不同导致载流子浓度巨大的差异。金属中自由电子为数众多，固态晶体电解质中载流子则稀少。如图 2－17 所示的电荷传输机制的不同还导致了电荷迁移率的巨大不同。综合考虑，载流子浓度和载流子迁移率的不同导致金属中电子电导率和固体电解质中离子电导率非常不同。

(3)金属中电子电导率

对于简单的电子导体(例如金属)，Drude 模型预言金属中自由电子的迁移率将受到(声子、晶格缺陷、杂质等)散射的限制：

$$u = \frac{q\tau}{m} \tag{2.113}$$

式中，τ 为散射事件之间的平均自由时间；m 为电子的质量($m = 9.11 \times 10^{-31}$ kg)；q 为库仑表示的单位电荷量($q = 1.68 \times 10^{-19}$ C)。

将电子迁移率的结果代入电导率的公式得到：

$$\sigma = \frac{|z_e| c_e q\tau}{m} \tag{2.114}$$

金属中的载流子浓度可以由自由电子密度计算得到。一般来说，每个金属原子会贡献约一个自由电子，原子堆叠密度通常在 10^{28} atoms/m^3 数量级，这会产生数量级在 10^4 mol/m^3 的摩尔载流子浓度。

将这些典型值代入电导率的公式，就可以计算球场电子电导率的数值。当然，一个电子上所带电荷数为1。(相对纯金属中)典型的散射时间为 $10^{-12} \sim 10^{-14}$ s。设 $c \approx 10^4 \mathrm{mol/m^3}$，得到金属典型的电子电导率为 $10^6 \sim 10^8 \Omega \cdot \mathrm{m}$。

(4)固态晶体电解质的离子电导率

如图2-17(b)所示，在固体离子导体中的跳跃导电过程导致了与金属电子导体相比非常不同的迁移率表达式。材料的离子迁移率取决于晶格内离子从一个位置跳跃到另一位置的速率。类似反应速率，这一跳跃速率是指数激发的。通常用材料的扩散率 D 来描述跳跃过程的特性：

$$D = D_0 \mathrm{e}^{-\Delta G_{\mathrm{act}}/(RT)} \tag{2.115}$$

式中，D_0 为反映跳跃过程尝试频率的常数；ΔG_{act} 为跳跃过程的活化能垒；R 为气体常数；T 为温度，K。

那么固体电解质中离子总的迁移率为：

$$u = \frac{|z_i| FD}{RT} \tag{2.116}$$

式中，$|z_i|$ 为离子上电荷数量；F 为法拉第常数；R 为气体常数；T 为温度，K。

将离子迁移率表达式代入电导率的表达式中得到：

$$\sigma = \frac{c(z_i F)^2 D}{RT} \tag{2.117}$$

晶体电解质中载流子浓度受可移动的缺陷物质的密度控制。大多数晶体电解质通过空位机制导电，这些空位通过掺杂有意地引入晶格中。最大有效空位掺杂水平为8%～10%，导致载流子浓度为 $10^2 \sim 10^3 \mathrm{mol/m^3}$。

典型的离子扩散率，对于液态电解质为 $10^{-8} \mathrm{m^2/s}$，对于聚合物电解质为 $10^{-8} \mathrm{m^2/s}$，对于700～1000℃的陶瓷为 $10^{-11} \mathrm{m^2/s}$。典型的离子载流子浓度，对于液态电解质为 $10^3 \sim 10^4 \mathrm{mol/s}$，对于聚合物电解质为 $10^3 \sim 10^4 \mathrm{mol/s}$，对于700～1000℃的陶瓷为 $10^2 \sim 10^3 \mathrm{mol/s}$。将这些数值代入电导率的表达式，得到离子电导率为 $10^{-4} \sim 10^2 \Omega \cdot \mathrm{m}$。

注意，固态电解质离子电导率比金属电子电导率低得多。如前面说过的，离子电荷传输同电子电荷传输相比趋向于难得多，因而，燃料电池研究的很大一部分工作量在于寻找更好的电解质。

2.3.5 电解质种类综述

为寻求更好的电解质，燃料电池中得以发展的候选材料主要分为3大类：水溶液、聚合物和陶瓷电解质。无论哪一种类别，燃料电池电解质都必须满足以下条件：

1)高离子电导率；

2)低电子电导率；

3)高稳定性(氧化和还原环境下)；

4)低燃料渗透；

5)合理的机械强度(如果是固体)；

6)容易制备。

除了高电导率的要求外，电解质的稳定性要求通常是最难实现的。要找到一种既能在阳极的高还原性环境又能在阴极的高氧化性环境下稳定的电解质不是轻而易举的。

(1)水溶液电解质/离子液体

水溶液电解质是指水基溶液，其中含有能够传输电荷的溶解离子。离子液体是指自身同时是液体又是离子的材料溶解于水中的 NaCl 是一种典型的水溶液电解质，NaCl 分解成可移动的 Na^+ 和可移动的 Cl^-，它们可以通过在水溶剂中移动而传输电荷。室温下，H_3PO_4 是有些呈蜡状的白色晶状固体，当其加热到 42℃ 以上，它就变成一种含有 H^+、PO_4^{3-} 和 H_3PO_4 分子的黏性离子液体。

燃料电池中几乎所有的水溶液电解质/离子溶液都使用一种基质材料来支撑或固定电解质。这类基质材料通常完成 3 项任务：

1)为电解质提供机械强度；

2)在防止短路的同时最小化电极间的距离；

3)防止反应气体穿过电解质的渗透。

上述列举的最后一项，反应物的渗透，对于水溶液电解质/离子液体是一个特有的问题(同固体电解质相比严重得多)。在没有支撑的液体电解质中，反应物气体的渗透很严重；在这种情况下，不平衡的压力或者高压操作是不可能的。使用基质材料提供了机械完整性并减少了气体渗透问题，同时依然允许薄的电解质(0.1 ~ 1.0mm)。

AFC 使用浓缩的 KOH 水溶液电解质，而 PAFC 可使用浓缩的 H_3PO_4 水溶液电解质或纯 H_3PO_4(离子液体)。MCFC 使用固定在支撑基质上的熔融$(K/Li)_2CO_3$ 材料，$(K/Li)_2CO_3$ 材料在约 450℃时变成一种液体(“熔融”)电解质(显然 MCFC 必须工作在 450℃以上)。

水溶液电解质/离子液体环境下的离子导电性可以利用驱动力/摩擦阻力平衡模型来近似求解。在液体中，离子会在电场力作用下加速，直到摩擦阻力恰好抵消电场力的作用，电场力和摩擦阻力之间的平衡决定了离子最终的速度。

迁移率是由离子尺寸和液体黏度决定的。直观上看来，这一表达式也是合乎常理的：大体积的离子或高黏度的液体会导致低迁移率，而非黏稠的液体和小离子会产生高迁移率。表 2－2 所示为水溶液中各种离子的迁移率。注意到在水溶液中，H^+ 倾向于同一个或多个水分子水合，这种离子物质因而被认为是 H_3O^+ 或者 $H \cdot (H_2O)_x^+$，x 代表同质子“水合”的水分子数目。

表 2－2 25℃下水溶液中无限稀释时几种离子的迁移率

阳离子	迁移率 u/[cm^2/(V·s)]	阴离子	迁移率 u/[cm^2/(V·s)]
H^+ (H_3O^+)	3.63×10^{-3}	OH^-	2.05×10^{-3}
K^+	7.62×10^{-4}	Br^-	8.13×10^{-4}
Ag^+	6.40×10^{-4}	I^-	7.96×10^{-4}
Na^+	5.19×10^{-4}	Cl^-	7.91×10^{-4}
Li^+	4.01×10^{-4}	HCO_3^-	4.61×10^{-4}

注：来源于参考文献[8]。

回忆电导率的表达式：

$$\sigma_i = (|z_i|F)c_i u_i \tag{2.118}$$

如果将表2－2中离子迁移率的值代入电导率的表达式，就可以计算各种水溶液电解质的离子电导率。但是，这些计算只是对于稀释的水溶液，即离子浓度低时准确。在高离子浓度（或者对于离子液体）时，离子间强烈的电交互作用会使电导率的计算困难很多。通常，高浓度水溶液电解质或者纯离子液体的电导率会比电导率的表达式所预言的值低很多。

（2）聚合物电解质

一般来说，聚合物电解质中的离子传输服从指数关系，电导率随温度升高呈指数增长。大部分聚合物和晶体离子导体都符合这一模型。

对于要成为优秀的离子导体的聚合物，它至少应该具有以下结构特性：

1）存在固定电荷结点；

2）存在自由体积（“开放空间”）。

同移动离子相比，固定电荷结点应该具有相反的电荷，以确保贯穿聚合物的净电荷平衡。固定电荷结点提供了可以容纳或释放自由离子的临时中心。在聚合物结构中，使这种带电结点的浓度最大化对于高电导率至关重要。然而，聚合物侧链上存在过多的离子带电结点会显著降低聚合物的机械稳定性，使其不适合于燃料电池的应用。

自由体积同聚合物的空间组织相关联。总体来说，典型的聚合物结构不是完全致密的小孔结构（或自由体积）几乎总是存在。自由体积改善了离子穿过聚合物的能力。增加聚合物的自由体积会增加聚合物内小规模结构振动和移动范围，这些运动会引起离子在聚合物中从一个结点到另一个结点的物理转移（见图2－18）。

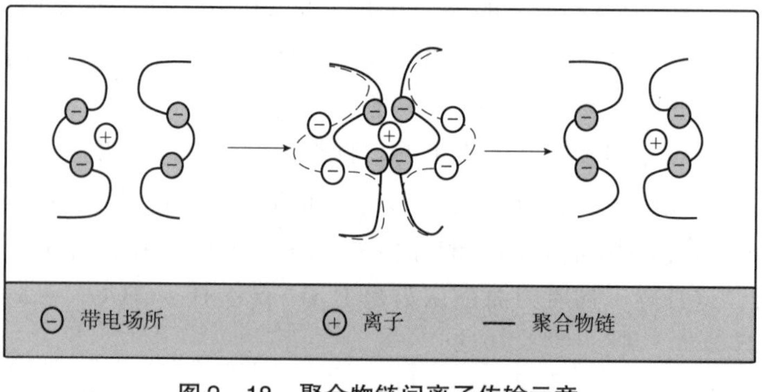

图2－18　聚合物链间离子传输示意

由于自由体积的效应，同其他固态离子导电材料（如陶瓷）相比，聚合物膜表现出相对高离子电导率。

聚合物自由体积也导致另一个传输机制，被称为车载机制。在车载机制中离子在某种自由物质（“车辆”）经过时搭载上这些车辆，通过自由体积空间实现传输。水是一种常见的载体物质，当水分子穿越聚合物中的自由体积时，离子可以随同搭载。在这种情况下，离子在聚合物中的导电行为同水溶液电解质的情况非常相似。过硫酸盐聚四氟乙烯，更熟知的名字是 Nafion——基于车载机制表现出极高的质子电导率。聚四氟乙烯(PTFE)及 Nafion 的化学结构及质子传导如图 2－19 所示。

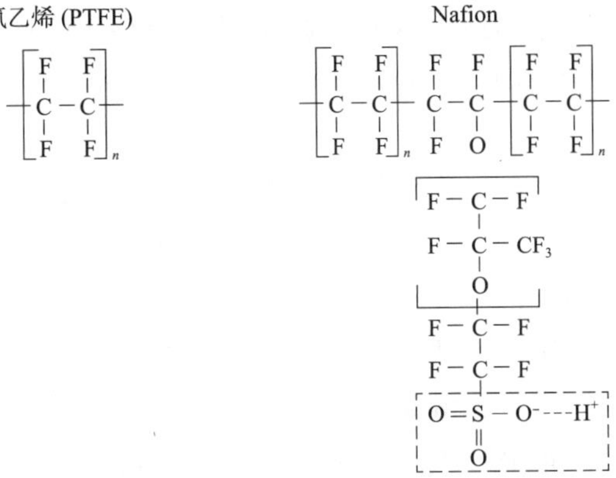

(a) 化学结构

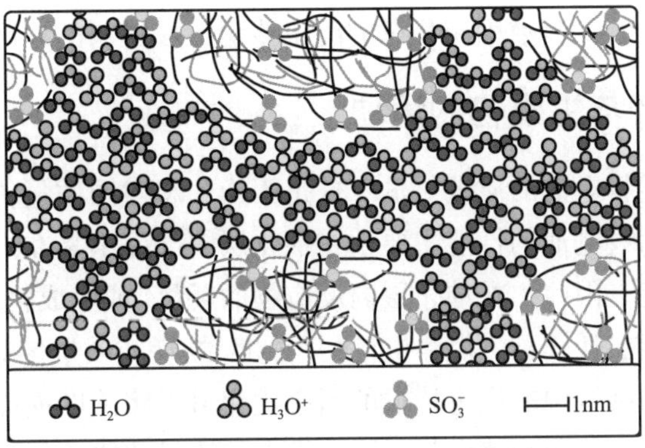

(b) 质子传导

图 2－19　Nafion 的化学结构及质子传导

(3)陶瓷电解质

顾名思义，固态氧化物燃料电池的电解质是固态的，是可以传导离子的晶体氧化物材料。最普遍的固体氧化物燃料电池电解质材料是氧化钇稳定的氧化锆(YSZ)。典型的 YSZ 电解质是含有 8% 氧化钇的氧化锆。氧化锆的化学组成是 ZrO_2，它是锆的氧化物。同样，氧化钇或者 Y_2O_3 是钇的氧化物。氧化锆和氧化钇的混合物就称为氧化钇稳定的氧化锆，因为氧化钇稳定了氧化锆的立方相晶体结构(这种情况下它最导电)。更重要的是，氧化钇向氧化锆晶体结构中引入高浓度的氧空位，使得 YSZ 展现出高离子电导率。纯氧化锆和 YSZ 的结构示意如图 2－20 所示。

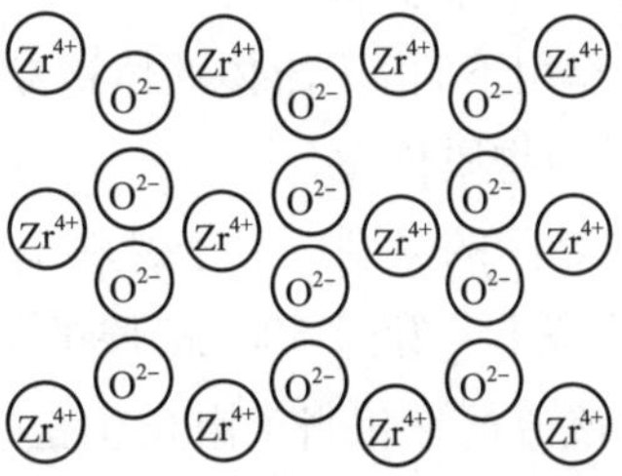

(a) 纯氧化锆

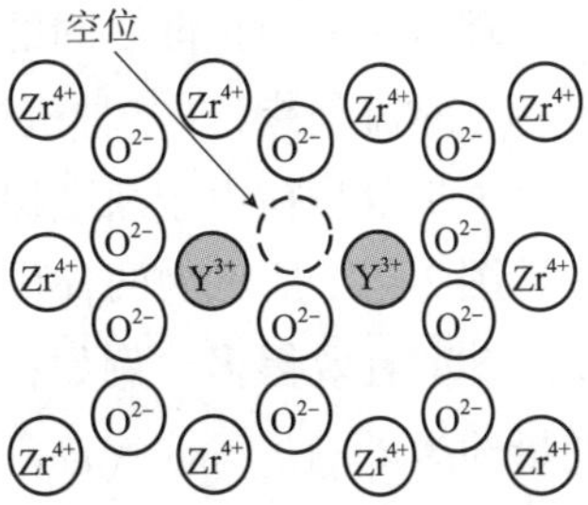

(b) 氧化钇稳定的氧化锆(YSZ)

图 2－20　纯氧化锆和 YSZ 的结构示意

2.4 燃料电池质量传输

为了产生电流，必须不断地为燃料电池提供燃料和氧化物，同时，必须不断地排出生成物以防止燃料电池“窒息而亡”。供给反应物和生成物的过程称为燃料电池的质量传输。

在前几章中，我们已经学习了电化学反应过程和电荷传输过程。质量传输是本书将要讨论的最后一项燃料电池主要工作环节。学完本节之后，你将具有理解燃料电池运转过程的所有基本工具。

本节将集中学习燃料电池内部的反应物和生成物的运动。2. 3 节(关于电荷传输)已经介绍了控制物质从某一特定区域到另一特定区域传输的很多基本方程。离子电荷的传输实际上仅仅是质量传输的一种特殊情况——由带电离子组成的质量传输。本节和 2. 3 节的区别在于，本节处理的是不带电物质的传输。由于不带电物质不受电压梯度的影响，所以必须依赖运动的扩散力和对流力。此外，本节将主要讨论气相传输(偶尔也涉及液相传输)，这一点和 2. 3 节中论述的大多数固相状态的离子传输形成鲜明的对照。

2.4.1 反应物与生成物的运动

为什么需要学习燃料电池的质量传输？这是因为，恶劣的质量传输将导致严重的燃料电池性能损耗。由于燃料电池的性能主要由在催化层内部而不是在燃料电池入口的反应物和生成物的浓度所决定。因此，在催化层内反应物的耗尽(或生成物的聚积)对性能有极为不利的影响，这种性能损耗被称为燃料电池的“浓度”损耗或质量传输损耗。通过对燃料电池电极和燃料电池流场结构中的质量传输的精心优化可以将浓度损耗降至最低。

本节分为两部分：一部分阐述燃料电池电极上的质量传输，另一部分阐述燃料电池流场结构中的质量传输。

这两个区域之间的主要区别在于长度的量级。更重要的是，这一长度量级上的区别导致传输机制的不同。对于燃料电池的流场结构，其尺寸一般为毫米或厘米量级。流场图形由几何上轮廓分明的沟道阵列组成，很适用于流体力学定律。这些沟道里的气体传输受到流体流动和对流的控制。相反，燃料电池电极的结构和孔隙呈现为微米和纳米尺度量级。这些电极复杂的几何形状使得气体分子免受流场沟道中出现的对流力的影响。由于不受对流流动的影响，电极内部的气体传输主要受扩散作用控制。

理解对流与扩散之间的区别是非常重要的：

· 对流是指(在某种机械力的作用下)由于流体的体运动形成的物质传输。

· 扩散是指由于浓度梯度形成的物质传输。

图 2 - 21 所示为两种传输模式之间的区别。对于燃料电池，就传输物质而言，对流显得比扩散有效得多。例如在标准状态下，穿过 500μm 厚的多孔电极允许的最大 O_2 扩散流通量约为 4×10^{-5}mol/(cm^2 · s)。该流通量相当于由 0. 01m/s(甚至更少)的 O_2 对流所提供的流通量。

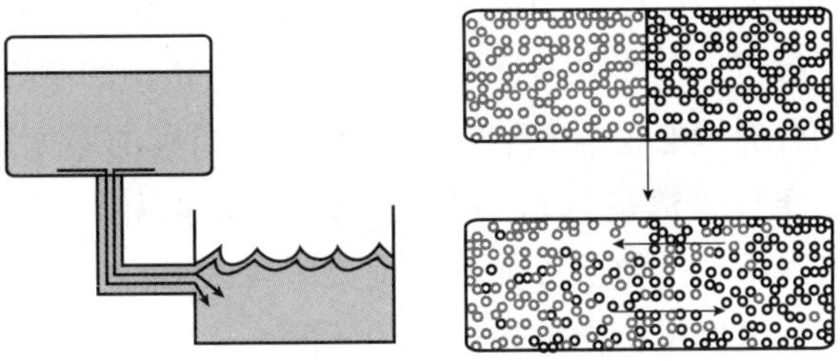

图 2-21 对流和扩散

流场沟道中控制传输的对流力从何而来？它是使用者(我们)迫使燃料或氧化物以给定速率穿过燃料电池而施加的。推动燃料或氧化物以给定速率穿过燃料电池所需要的压力(驱动力)可以用流体动力学计算。高流速能够确保燃料电池内部各点反应物的良好分布(和生成物的有效排放)，但这可能导致所需的驱动压强过高或者产生其他问题。

电极中控制扩散传输的浓度梯度从何而来呢？它是由于在催化层内部的物质消耗(或产生)演变而来的。如图 2-22 所示，工作在高电流密度下的燃料电池阳极高速率地消耗着 H_2 分子，这导致催化层附近乃至电极中 H_2 的耗尽。由此引起的浓度梯度提供了 H_2 从电极向反应区域的扩散传输的驱动力。

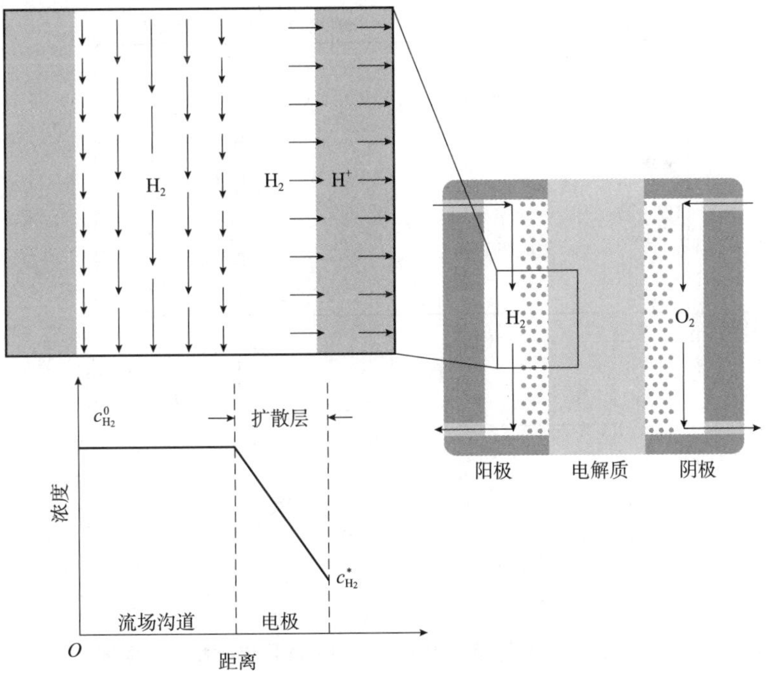

图 2-22 氢-氧燃料电池工作时在阳极处形成扩散层示意

以对流为主的流动和以扩散为主的流动的“分界线”或者说边界常常出现在燃料电池气体沟道和多孔电极接触的地方。在流场沟道内部对流使得气流充分混合，因此没有出现浓度梯度。但是由于摩擦作用，气流的运动速度在电极沟道边界趋近于零(如图 2-22 所示)。由于缺少了对流的混合作用，电极中凝滞的气体内部能够形成浓度梯度。我们称上述凝滞的气体区域为扩散层，因为在该区域内扩散占质量传输的主导地位。因为对流传输结束与扩散传输起始的分界线必然很模糊，所以扩散层精确的厚度通常很难定义。况且，该分界线还会随着流动条件、流场沟道的几何图形和尺寸以及电极结构而有所变化。例如，在非常低的气体流速下，扩散层可能延伸到流场沟道中间。反之，在极高的气体流速下，对流混合可能渗透到电极里，导致扩散层的减薄。

2.4.2 电极内的质量传输

在本节中，将研究燃料电池电极中的质量传输。从技术上讲，我们是在研究探讨扩散层中的质量传输，但是在讨论中，假设电极的厚度与扩散层的厚度一致。在多数流动情况下，这是一个合理的假设。正如前面提到的，大流速或者不常见的流场图形会减薄扩散层，在这种情况下计算真实的扩散层厚度需要更精密的模塑。同样，低流速能增厚扩散层，但这也需要精密模塑加以处理。

(1)驱动扩散的电化学反应

对于大多数流动情形，燃料电池电极内的质量传输状况如图 2－23 所示。可以看出，电极一侧的电化学反应和电极另一侧的对流混合建立了一个浓度梯度，从而导致整个电极内部的扩散传输。

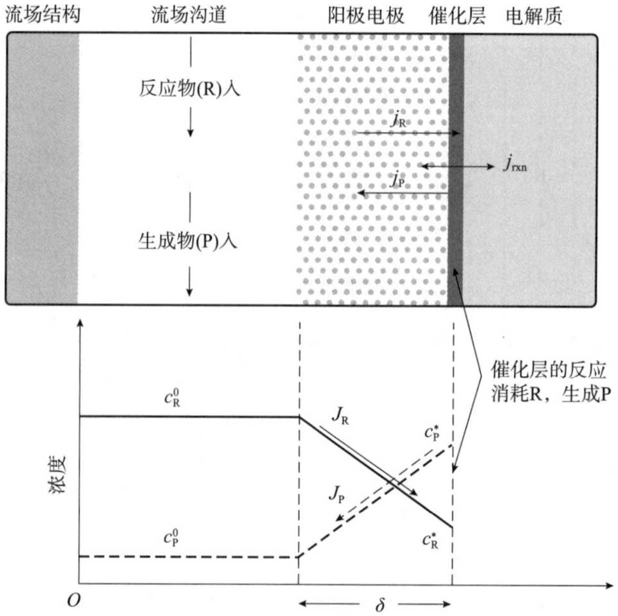

图 2－23 典型的燃料电池电极内的质量传输状况示意图

从图 2－23 中可以看出，电化学反应导致催化层反应物的消耗(和生成物的聚积)。反应物的消耗(和生成物的聚积)通过两种方式影响燃料电池的性能，简要说明如下：

1)能斯特损耗。由于催化层中反应物浓度比体浓度低，催化层中生成物浓度比体浓度高，根据能斯特方程可以推断，燃料电池的可逆电动势将会下降；

2) 反应损耗。因为催化层内反应物浓度比体浓度低，催化层中生成物浓度比体浓度高，反应速率(活性)损耗将会增加。

我们把上述两种损耗的复合效果归结为燃料电池的浓度损耗(质量传输损耗)。为了确定浓度损耗的大小，有必要精确确定催化层内反应物和生成物浓度与它们的体浓度的差值。那么如何确认呢？让我们来看看是否能够通过近距离观察燃料电池电极内发生的扩散过程找到答案。

考虑图 2－24 所描述的燃料电池电极。假定在某一时刻 $t=0$“启动”该电池，它开始以某一固定电流密度 j 发电。初始状态下，燃料电池内任意一点的反应物和生成物的浓度都相等(给定为 c_R^0 和 c_P^0)。但是一旦电池开始产生电流，电化学反应将导致催化层内反应物的消耗(和生成物的聚积)。反应物开始从周围区域向催化层扩散，同时生成物开始从催化层向外扩散。随着时间的推移，反应物和生成物的浓度分布变化如图 2－24 所示。最终，将达到粗实线所指示的稳定状态。在稳定状态下，反应物和生成物的分布随着电极(扩散层)的厚度线性下降(至少是近似的)，而且由这些浓度梯度产生的反应物和生成物的流通量将与催化层中反应物和生成物的消耗/耗散速率精确匹配(根据直观判断：在稳定状态下，消耗的速率必然等于供给的速率)。数学上表示为：

$$j = nFJ_{\text{diff}} \tag{2.119}$$

式中，j 为燃料电池的工作电流密度(电流密度是反映电化学反应速率的一种度量)；J_{diff} 为进入催化层的反应物的扩散流量(或者溢出催化层的生成物的扩散流量)。

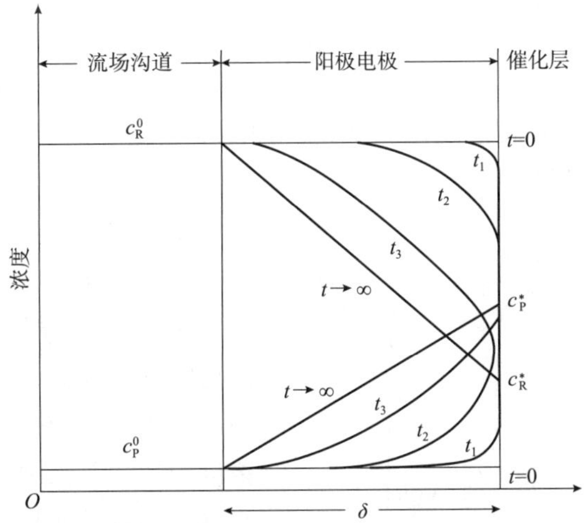

图 2－24　燃料电池电极内反应物和生成物的浓度分布随时间的变化关系

(2) 极限电流密度

到达催化层的每条路径中的反应物浓度都下降到 0，这表示质量传输的极限情况。燃料电池绝对无法维持比反应物浓度降至 0 情况下更高的电流密度。我们称该电流密度为燃料电池的极限电流密度。极限电流密度(j_L)可以通过代入 $c_R^*=0$ 计算得到：

$$j_L = nFD^{\text{eff}}\frac{c_R^0}{\delta} \tag{2.120}$$

燃料电池的质量传输设计策略的焦点就在于提高极限电流密度。这些设计策略包括：

1)通过设计使反应物均匀分布的良好流场结构，以确保高 c_R^0 值；

2)通过认真优化燃料电池的工作条件、电极结构和扩散层厚度，以保证大的 D^{eff}值和小的 δ 值。

δ 的典型值为 100 ~ 300μm，D^{eff}的典型值为 $10^{-2}cm^2/s$，因此典型的极限电流密度为 1 ~ 10A/cm²。这一质量传输结果代表燃料电池的最终极限；燃料电池将不可能产生比其极限电流密度所限定的更高的电流密度(但注意，燃料电池的其他损耗，如欧姆损耗和活化损耗，常常使其电压在达到极限电流密度之前就降为 0 了)。

虽然极限电流密度决定了燃料电池质量传输的最终极限，但浓度损耗在低电流密度下也同样出现。催化层中的浓度差异通过两种方式影响燃料电池的性能：第一种是减小了能斯特(热力学)电压，第二种是增加了活化(反应速度)损失。研究发现它们都导致同样的结果，一般来说，这个结果就是我们将要提到的燃料电池的“浓度”过电势 η_{conc}。

(3)燃料电池的浓度损耗

在前面的内容中，我们了解了催化层中物质的耗尽/聚积是如何导致燃料电池性能的损耗的。这种性能损耗称为燃料电池的浓度损耗(或质量传输损耗)，可以通过以下形式加以描述：

$$\eta_{conc} = c\ln\frac{j_L}{j_L - j} \tag{2.121}$$

式中，c 为常数。c 可以表示为以下近似形式：

$$c = \frac{RT}{nF}\left(1 + \frac{1}{\alpha}\right) \tag{2.122}$$

实际燃料电池的行为通常表现出一个比所预测值大得多的 c 值。因此在很多情况下，c 都是通过经验方法测得的。

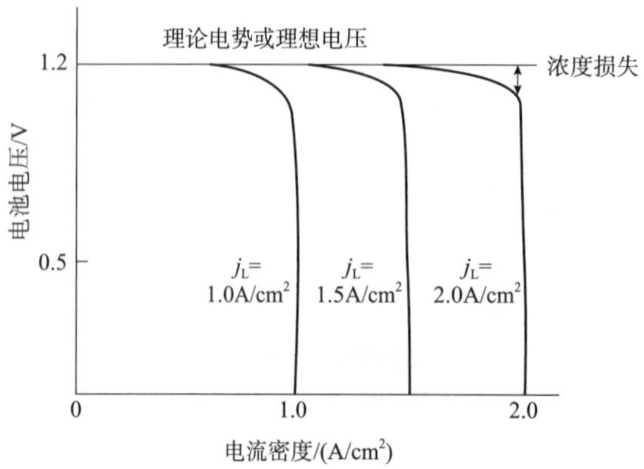

图 2－25　浓度损耗对燃料电池性能的影响

图 2－25 所示为燃料电池 $j-V$ 特性中浓度损耗的影响。图中的曲线是通过使 c 保持常数而 j_L 取各种不同值。可以看出，浓度损耗只在大电流密度(当 j 接近 j_L 时)情况下才显著影响燃料电池的性能。尽管浓度损耗主要出现在高电流密度下，但是它的影响是骤变且严重的。明显的浓度损耗的开始标志着燃料电池工作区域的实际限制。可知：增加 j_L 可以大大提高燃料电池的潜在工作范围，因此质量传输的设计是当前燃料电池研究中的一个活跃领域。

2.4.3　流场结构中的质量传输

设计燃料电池的流场结构是使反应物遍布于燃料电池中。最简单的“流场结构”就是一个单一腔体结构。为了制作一个单一腔体流场结构，我们要把整个燃料电池阳极压缩进一个单独的隔间，并把 H_2 从一个角落引入。但是，这种单一腔体的设计会导致很差的燃料电池性能，H_2 往往会滞留在腔体内，导致很差的反应物分布和很高的质量传输损耗。

在实际的燃料电池中，通过使用错综复杂的含有许多小流场沟道的流场结构可以使质量传输损耗最小化。相对于单一腔体的设计，采用许多小流场沟道的图案设计可以使燃料在穿过燃料电池时保持持续的流动，促进均衡的对流、混合和均一的反应物分布。小流场沟道设计同样提供了更多和电极表面的接触点来收集燃料电池的电流。

为了形成燃料电池的流场结构，常常采用压印、刻蚀和机械加工等方法在流场极板上加工流场沟道设计图案。沟道(可能有几十个甚至数百个沟道)常常以迂回、盘旋或螺旋方式从一角的气体入口穿越流场极板到达另一角的气体出口。要分析这些复杂的实际使用的流场结构中的气体对流传输只能使用数值方法。常见的技术是使用计算流体动力学(CFD)建模等计算机仿真工具。除了使用 CFD，还有可能对简单的特定流动情况进行基本模拟。这一类基本模拟是根据流体力学原理建立的，对燃料电池质量传输和流场结构设计有更深入的了解。

(1)流场结构设计——材料

对于多数主要部件，流场结构是为两个主要目的服务的：1)提供反应气体并排出生成物；2)收集燃料电池产生的电流。除了这些看似简单的任务外，流场结构还需要服从于一套极具挑战性的材料选择标准：

①高电导率；

②高抗腐蚀性；

③高化学相容性；

④高热导率；

⑤高气密性；

⑥高机械强度；

⑦低质量，小体积；

⑧制备的简易性；

⑨成本效率(性价比)。

低温燃料电池流场极板最常用的材料是石墨。石墨除了制备简易性、成本和高机械强度之外，满足上面讨论的大多数标准。因为昂贵的加工条件和材料固有的易碎特性，使这些标准无法得到满足。石墨的加工是如此之昂贵以至石墨极板的成本占整个燃料电池成本的一半。石墨的替代品有不锈钢等耐腐蚀金属。总的来说，金属极板和石墨极板相比制作成本较为低廉且机械强度较高。薄金属流场极板可以显著减小燃料电池系统的体积和质量。金属极板的一个关键问题是表面金属氧化层的形成，即使是一层很薄的金属氧化层也会增加流动极板和电极之间的接触电阻，从而导致燃料电池性能的退化。这个问题可以通过表面涂覆耐腐蚀涂层而得以部分解决，尽管这些涂层的长期稳定性还需要改善。

高温燃料电池的流场极板常常使用亚铬酸镧等陶瓷(高温)或不锈钢(中温)制作。在 SOFC 和 MCFC 中，流场极板的稳定性和耐用性最为关键，因为在高温下降解效应大大增强。同样，在热循环过程中，极板材料和电极材料的任何热失配都会产生严重的机械应力。因此，流场极板的热特性应该和燃料电池系统的其他部分严格匹配。某些 SOFC 设计，如管状 SOFC，并不需要流场极板，并且避免了高温密封问题。

(2)流场结构设计——图案

正如前面提到的，流场极板包括数十乃至数百个精细沟道(或者“沟槽”)使气流分布于燃料电池的整个表面。流场沟道的形状、尺寸和图形都对燃料电池的性能有显著的影响。选择合适的流场图形对 PEMFC 尤其关键。在 PEMFC 中，流场设计的焦点在于阴极一侧的排水能力。不当的流场极板设计会使得某些区域泛滥着液态水，因此导致气体通道受到阻塞，单电池的输出电流减小。这些阻塞的区域不仅使性能下降，实际上也导致燃料电池不可逆的破坏，这是因为在气体匮乏的区域电池极化可能局部翻转，导致腐蚀和材料的降解。

尽管研究机构和研究人员所采用的流场图形多种多样，但其中大多数都属于以下 3 种基本图形类型(如图 2 – 26 所示)：平行流场、蛇形流场、叉指形流场。

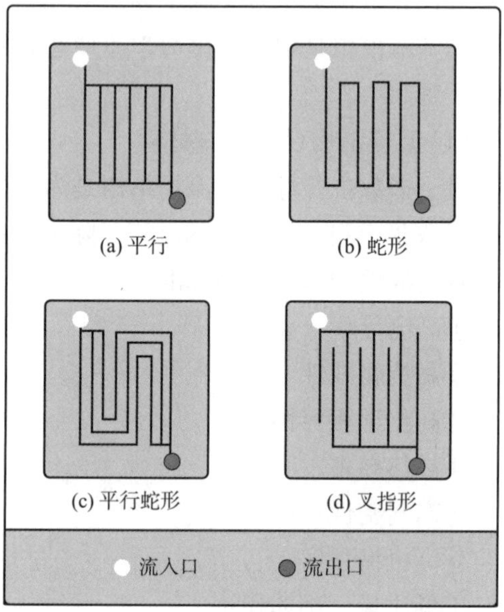

图 2 – 26　主要流场沟道的几何图形

平行流场：在平行图案结构中，流体均匀地进入每一个直沟道并流出出口[如图 2 – 26(a)所示]。平行图案的一个显著优点在于气体入口和出口之间的总压降较低。但是当流场宽度相对较大时，每个沟道中的流体分布可能是不均一的。这就引起沟道某些区域的水的积累，从而导致质量传输损耗的增加(和相应的电流密度的减小)。有些燃料电池研究者在便携式燃料电池系统中应用了这种沟道类型。

蛇形流场：这是燃料电池基本结构中最常见的几何设计。蛇形图案的优点在于水的排除能力。图形中只存在一个流动路径，因此液态水被推动着离开沟道[见图 2 – 26(b)]。但是，在大面积单元中，蛇形设计导致了很大的压降。人们研究了一些蛇形设计的变种(如平行蛇形结构)。这个混合结构集合了蛇形图案和平行图案的优点，这一图案的应用以 Ballard 公司的 PEMFC 电池组最为著名。

叉指形流场：叉指形设计促进了反应物气体在气体扩散层中的强制对流[见图 2 – 26(d)]。根据最近的关注结果，研究表明该设计的水管理效果远优于其他设计，从而改善了质量传输。气体扩散层中的强制对流导致显著的压降损耗，研究表明使用非常小的沟脊间距有助于改进这一主要问题。

除了沟道图形以外，沟道的形状和尺寸同样对性能有很大的影响。这些参数最好通过计算机数值模拟进行研究。

2.5 本章小结

通过热力学的基本原理的应用了解燃料电池性能的理论极限。

热力学提供了燃料电池性能的理论极限或理想情况。

解释燃料电池的反应过程如何导致性能损失。

对于反应过程的研究称为反应动力学，由于动力学限制产生的电压损失称为活化损耗。

燃料电池内的电荷传输主要由电压梯度驱动，这种电荷传输过程称为传导。

用于驱动导体的电荷传输所消耗电压表现为燃料电池性能的一种损失，称为欧姆过电势。

质量传输控制了燃料电池中反应物和生成物的供给和排出。

由于反应物的损耗(或生成物的淤塞)效应，不良的质量传输将导致燃料电池的性能损耗。

习题

1. 如果恒温下一个含有气体的化学反应，反应后体积减小很多，那么这个反应的熵变将是正的还是负的？为什么？

2. (a)如果一个反应的 Δh 为负，而 Δs 为正，可否判定这个反应的自发性？(b)如果 Δh 和 Δs 同时为负的情况呢？(c)如果 Δh 为正，而 Δs 为负？(d)如果 Δh 和 Δs 同时为正？

3. 通常，反应物浓度(活度)的增加会升高还是会降低电化学系统的电池可逆电压？

4. α 是什么？假设伽伐尼电势沿反应界面线性变化，画出对应 $\alpha > 0.5$，$\alpha = 0.5$ 和 $\alpha < 0.5$ 的自由能曲线。

5. 交换电流密度代表什么？

6. (a)塔菲尔公式中，塔菲尔斜率 b 同 α 关系。

(b)截距 a 同交换电流密度关系。

7. 为何电荷传输会导致燃料电池的电压损失？

8. 如果一个燃料电池的面积增加10倍，其电阻降低为1/9，则该燃料电池的欧姆损失会上升还是下降(在一给定电流密度下，其他条件相同)？

9. 决定材料电导率的两个主要因素是什么？

10. 为什么金属的电子电导率比固体电解质的离子电导率要大很多？

11. 当其他条件相同时，使用“合成空气”(21%氧气，79%氮气)的燃料电池的浓度损耗比使用空气(约21%氧气，约79%氮气)的燃料电池的浓度损耗高还是低？论证你的答案。

12. 讨论为什么在SOFC中阴极流场沟道设计不像PEMFC中那么重要。

第3章　氢燃料电池类型

20世纪30年代，瑞士的 Emil Bauer 和 H. Preis 尝试使用固体氧化物燃料电池(SOFC)。考虑当时固体氧化物的局限性(导电性和化学稳定性差)，G. H. J. Broers 和 J. A. A. Ketelaar 在50年代末期转向使用熔盐作为电解质。这项工作催生了熔融碳酸盐燃料电池(MCFC)，MCFC 最终在商业化生产中成为燃料电池的主要类型之一。

20世纪燃料电池概念的复兴在很大程度上归因于英国人培根。他是一名专业工程师，并认同燃料电池相对于作为动力源的内燃机和蒸汽轮机具有许多潜在的优势。培根在早期选择研究使用镍基电极的碱性电解质燃料电池(碱性燃料电池)，他认为铂系催化剂永远不会具有商业可行性。另外，由于氧电极在碱性溶液中比在酸性溶液中更容易可逆，这种电解质和电极的选择使得电池必须在中等温度(100～200℃)和高气压下运行。培根限制自己只能使用纯氢气和氧气作为反应物。最终，他在1959年8月展示了第一个可用的燃料电池——由40单元组成的电池系统，可以产生约6kW的功率，足以运行叉车、操作焊接机以及圆锯。

随着太空探索的到来，应用燃料电池的重要机会出现在20世纪60年代初期。通用电气公司生产的质子交换膜燃料电池(PEMFC)系统用于双子座项目飞行任务(两个模块，每个模块的最大功率约为1kW)，但在阿波罗项目中被碱性燃料电池所取代，其电解质设计由培根率先提出并由惠普公司(后来的联合技术公司)开发。两种系统均为由低温储罐中的氢气和氧气提供燃料。碱性燃料电池可以提供1.5kW的功率，在18次阿波罗飞行任务中，其飞行性能都堪称典范。20世纪70年代，国际燃料电池公司(联合技术公司的一个部门)为航天飞机轨道器生产了一种改进的碱性燃料电池，其功率是阿波罗版本的8倍，重量减轻了18kg。该系统在航天飞机飞行时提供所有的电力及饮用水。

1974年全球石油供应的中断进一步加快了研究，随之而来的是有关燃料电池开发的各种国家倡议的出现。在美国，美国天然气协会的磷酸燃料电池技术促进了“市场机会通知”(NOMO)的倡议。这项活动也引起了美国研究人员对 MCFC 的兴趣，并在20世纪80年代中期在日本和欧洲建立了国家研究和开发计划。80年代后期，加拿大先驱 Geoffrey－Ballard 引起了人们对 PEMFC 的重新关注，他看到了该技术取代内燃机的潜力。至今，该系统一直是各种应用程序发展的主题。

1972—1978年，武汉大学和邮电科学研究院经过攻关，成功地开发出了氨－空气电池，此燃料电池曾经在河北等地进行过实地试应用，1976年唐山大地震中公用电网全部断电，但是该燃料电池却能正常使用，成功经受住了地震的测试。

1992年，中国科学院开始了对质子交换膜燃料电池的研究工作，主要包括电极的工艺以及结构方面进行了大量的研究；1995 年，中国科学院大连化物所全方位地对质子交换膜燃料电池进行了研究，并且很快地解决了催化剂制备、电极内部气流的分布以及水分的传递和分布等一系列的基础技术难题，组装了 $140cm^2$ 电极板面积的单电池；另外，马永林通过热压和滚压制备气体电极，大大增强了磷酸燃料电池电极的化学活性；魏子栋研究开发出了 Pt - Fe - Co/C 的催化电极，相比 Pt/C 的催化电极，其催化效果要好很多。

3.1 质子交换膜燃料电池(PEMFC)

质子交换膜燃料电池(Proton Exchange Membrane Fuel Cell，PEMFC)也称“高分子电解质膜燃料电池”(Polymer Electrolyte Membrane Fuel Cell，PEMFC)或者“固体聚合物电解质燃料电池”(Solid Polymer Electrolyte Fuel Cell，SPEFC)。

第一批 PEMFC 使用的电解质基于聚合物，如聚乙烯。例如，最初的 NASA 燃料电池使用聚苯乙烯磺酸。1967 年，杜邦公司推出了一种基于聚四氟乙烯(PTFE)结构的新型氟化聚合物，商标为 Nafion™(以下简称“Nafion”)。PTFE 材料用于喷涂非黏性炊具，具有高度疏水性。Nafion 是燃料电池的一大进步，已成为判断新型聚合物膜的工业标准。然而，Nafion 的生产成本很高，并且具有一定的局限性，例如需要浸润水化，因此只能在 80℃以下发挥作用。基于此，已经研究了许多替代电解质材料。

PEMFC 相比于 SOFC，其特点是它使用了一块非常薄的固体电解质，该电解质两面都与带催化的多孔电极结合，通常称为“膜电极组件”(Membrane Electrode Assembly，MEA)。PEMFC 堆通常包括双极板串联的诸多膜电极组件。聚合物电解质中的电荷载体为 H^+(也称为质子)。

普通的聚合物膜在接近环境温度的条件下工作，这使 PEMFC 能够快速启动。与碱性、磷酸和熔融碳酸盐燃料电池系统的电解质不同，其中不存在腐蚀和有害流体，这说明 PEMFC 能够在任何场合使用。此外，现代膜电极的薄型化还使得能够生产具有非常高的功率密度的紧凑型燃料电池。这些特性相结合，使 PEMFC 非常坚固，特别适合在公路车辆中使用，并用作便携式电气和电子应用的电源。

3.1.1 结构及基本原理

PEMFC 主要由 MEA 和带气体流动通道的双极板组成。其核心部件膜电极是采用一片聚合物电解质膜和位于其两侧的两片电极通过热压而成，中间的固态电解质膜起到氢离子传递以及分隔燃料气和氧化剂的双重作用，而两侧的电极是燃料和氧化剂进行电化学反应的场所。其结构示意如图 3 - 1 所示。

PEMFC 的电解质通常为全氟磺酸型固体聚合物，催化剂为 Pt/C 或 Pt - Ru/C，燃料为氢或净化重整气，氧化剂为空气或纯氧，双极板为带有气体流动通道的石墨或表面改性金属板。具体电极反应如下：

阳极半反应：$H_2 \longrightarrow 2H^+ + 2e^-$

阴极半反应：$\frac{1}{2}O_2 + 2H^+ + 2e^- \longrightarrow H_2O$

总反应：$H_2 + \frac{1}{2}O_2 \longrightarrow H_2O$

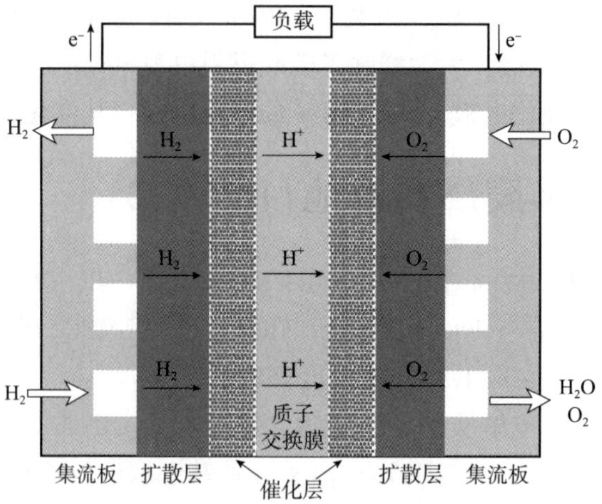

图 3-1　PEMFC 结构示意

燃料气 H_2 和氧化剂 O_2 分别通过阳极、阴极扩散层传递到阳极、阴极侧的催化层中，H_2 在阳极催化层的三相界面处在催化剂的作用下失去电子，形成 H^+；H^+ 通过质子交换膜传递到阴极侧，在阴极侧催化层与 O_2 分子结合产生水分子，水分子通过扩散层传递到流场中，随后排出燃料电池；而电子则通过导电材料形成电回路。

在燃料电池内部主要存在电化学反应及传递过程两部分。电化学反应主要发生在阴极和阳极催化剂材料区域；传递过程包括热量传递、物质和电荷的传输、多相流动等，主要过程包括：气体流过流场的通道，在气体扩散层中会产生扩散或对流；气体通过多孔的气体扩散层与催化层发生扩散；在三相界面处发生电化学反应；质子经过质子交换膜传递；电子流经导电部件；经过质子交换膜的水传递；通过多孔催化剂层和气体扩散层以实现水传输(水蒸气和液态水)；未反应的带水滴气体形成两相流；通过电池固体元件的传导以及反应气体和冷却介质的热传递。

3.1.2　质子交换膜

质子交换膜作为一种选择透过性多孔膜，是 PEMFC 的关键材料，其主要作用有两个：一是为氢离子提供扩散传输通道，二是隔离两极的燃料气体和氧化气体。用于质子交换膜的材料应至少满足以下条件：①良好的质子传导性，即具有较高的氢离子传导能力，电导率一般需要达到 0.1S/cm 数量级；②在 PEMFC 运行条件下，膜结构与树脂组成保持不变，即具有良好的化学和电化学稳定性；③具有低的反应气体渗透性，保证燃料电池具有高的法拉第效率；④具有一定的机械强度和结构强度；⑤膜的表面性质可以与电极的催化层结合。

多年来，Nafion 是 PEMFC 中行业标准的膜电解质，是一种特殊类型的全氟磺酸(PFSA)，其具有优异的稳定性和较高的质子传导率。PFSA 树脂材料是由四氟乙烯单体及其磺化单体自由共聚形成的，其中磺氟酰基团的乙烯基醚以提供合适的离子交换容量，随后将磺氟酰基团水解成磺酸根基团。在 PFSA 树脂材料吸水过程中，最初磺酸根会与一个水分子通过 Langmuir 吸附形式以相对较强的作用力紧密结合，随着材料吸收更多的水，磺酸根会聚集多个水分子。这些水分子一部分与磺酸根的结合较紧密，以结合水形式存在。而另一部分水分子则与磺酸根的结合相对较弱，能够在 PFSA 树脂材料内相对自由地迁移，作为自由态水分子存在。因此，磺酸根附近聚集了大量水分子，每个磺酸根附近对应水分子数量在 13 ~20 个。故磺酸根与水分子形成了水合离子团簇，磺酸根的 H^+ 水解出来，以独立的 H^+ 形式存在，或者与水分子结合形成水合氢离子形式。这些氢离子或水合氢离子很大程度上是 PFSA 树脂材料传导质子的原因。PFSA 树脂膜材料中质子的传导过程是通过质子跳跃(Proton Hopping)或以水分子为载体传输(Vehicular Transport)来实现的。通常情况下，质子在薄膜中的传导路径大量分布在质子传导效率极高的水合离子团簇、水通道中。在正常的工作状态下，薄膜含水量高，PFSA 树脂材料内部由于形成了大量相互连接的水合离子团簇相，从而具备了优异的质子选择透过性。

3.1.3 膜电极

膜电极的构成材料为：催化剂、聚合物电解质膜、气体扩散层。膜电极内部的传递通道有：质子传输通道、水通道、气体通道和电子通道。膜电极中的活化极化主要与催化剂活性相关；欧姆电阻与燃料电池材料的电导率/质子传导率以及各部件之间的接触电阻相关；传质极化则与膜电极中的传递过程相关，适宜的传质通道有利于降低传质阻力。

气体扩散层(Gas Diffusion Layer，GDL)的作用是支撑催化层，传递反应气体与产物(氢气、氧气/空气、水等)，并传导电流。通常为多孔导电材质，如碳纸、碳布等，并且用 PTFE 进行憎水处理，使其具有一定的憎水性，以提供气体扩散通道。气体扩散层位于催化层和流场/双极板之间，起到液相/气相再分配作用。虽然气体扩散层不直接参与电化学反应，但对提高电极性能起到重要作用。GDL 的基本特征包括：①具有较高的孔隙率，以实现反应气体的分布。作为扩散层的多孔材料，需要具有较高的孔隙率，通常 >70%。②可排出生成水，在 PEMFC 中，阴极产生的水需要在气体传输层中排出，因此气体扩散层需要兼具疏水的气孔用于气体扩散和亲水的孔道用于排出生成水。③对催化层进行机械支撑，防止催化层脱落，需要具有一定的刚性。同时还需要与催化剂层紧密接触，接触电阻尽可能小，因此也需要一定的柔性，以适应组装电池时的变形。④需要具有良好的导电能力，GDL 位于催化层和双极板之间，无论在阴极还是阳极部位，都需要进行电子传输，从而形成电回路，尽可能降低欧姆损耗。⑤需要具有良好的导热作用，由于燃料电池的电化学反应效率达不到 100%，产生的废热需要导出电池，因此需要 GDL 在平面和体相多个维度都具有良好的导热性。⑥具有适应 PEMFC 工作环境的抗腐蚀性。由于该类电池是在强酸性、高电位和氧化环境下工作，因此需要 GDL 具有良好的抗腐蚀特性。

由于 PEMFC 采用固体电解质，其磺酸根固定在质子交换膜的树脂上，不会浸入电极内部，因此发生电化学反应的三相界面仅局限于反应层与质子交换膜接触的部分。只有催化层与质子交换膜的接触面才能有效发生质子传导。因此，为了确保反应在电极催化层内进行，需要在催化层内建立离子通道。目前已经实现工业化应用的膜电极有两类：气体扩散电极(Gas Diffusion Electrode, GDE)以及催化剂涂覆膜催化层电极(Catalyst - Coated Membrane, CCM)。其中气体扩散电极又称厚层憎水催化层电极，是将催化剂直接涂覆在气体扩散层表面，而催化剂覆膜催化层电极是直接将催化剂涂覆在质子交换膜上。

3.2 碱性燃料电池(AFC)

碱性燃料电池(Alkaline Fuel Cell, AFC)最早可以追溯到1902年，在剑桥大学的研究实现了该技术的首次实际应用，但是价格昂贵且专业。随后，Justi和Winsel采用的常压氢气-空气碱性燃料电池可以高效工作，但对CO_2含量要求较高，必须使用纯化的或替换电解质溶液，否则CO_2仍会存在于燃料或者氧化剂中，造成AFC性能的下降。20世纪60年代和70年代初，研究人员对实验性AFC进行了测试，已验证其作为农用拖拉机、汽车、海上导航设备、船舶、叉车和其他各种应用提供动力的能力。但是存在诸如成本、可靠性、易用性、坚固性和安全性等问题。20世纪八九十年代，与其他新型燃料电池相比，AFC的前景似乎并不好，因此研究规模有所减小，以至于20世纪末仅有几家公司从事AFC的研究。

尽管许多研究人员认为AFC的研究意义不大，但与PEMFC和AFC相比，该技术仍然存在一些技术优势。AFC阴极的活化超电势通常低于酸性燃料电池的活化超电势，并且电极反应更快。因此，在AFC中不是必须使用铂基催化剂。此外，由于阴极处的过低电势，AFC的发电效率比PEMFC更高。正是由于能量转换的高效率，通常为70%(LHV)，开路电压在0.9V左右，电流密度在0.2~1.0A/cm²，是空间电池中最高的，因此美国国家航天局(NASA)决定在美国太空计划中部署AFC。

3.2.1 结构及基本原理

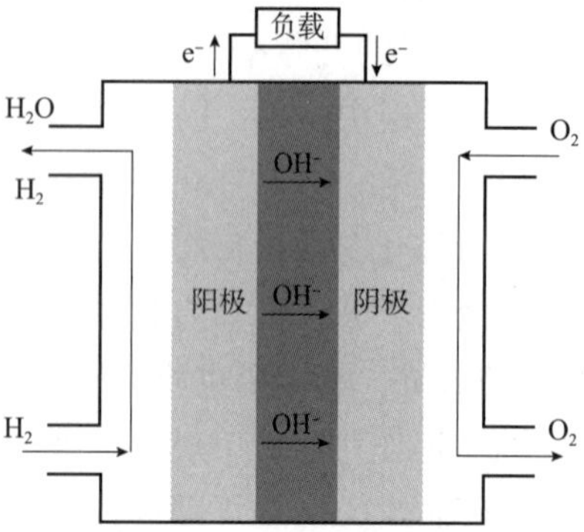

图3-2 AFC结构示意

AFC以强碱(NaOH、KOH)为电解质，燃料是高纯度H_2，氧化剂是纯O_2或除去CO_2的空气，阳极多为Pt-Pd/C、Ni等材料，阴极多为Pt/C、Ag等材料。隔膜为饱浸碱液的多孔石棉，双极板为无孔碳板、镍板等。其结构示意如图3-2所示。

AFC工作温度为20~70℃，因集中的氧气分子得到电子，与水分子发生还原反应生成OH^-。随后，生成的OH^-通过饱浸碱液的多孔石棉隔膜迁移到阳极附近。高纯氢气到达阳极附近，与石棉中浸润的OH^-反应氧化生成水分子。具体电极反应如下：

阳极半反应：$H_2 + 2OH^- \longrightarrow 2H_2O + 2e^-$

阴极半反应：$\frac{1}{2}O_2 + H_2O + 2e^- \longrightarrow 2OH^-$

总反应：$H_2 + \frac{1}{2}O_2 \longrightarrow H_2O$

3.2.2 电解质材料

常规的 AFC 使用溶于水的碱性电解质，在电解质内部传输的导电离子是 OH^-。NaOH 和 KOH 是最丰富以及最便宜的碱性氢氧化物，也是早期 AFC 的主要候选材料，比较典型的电解质溶液是质量分数为 35% ~50% 的 KOH 溶液，可以在较低温度下使用(低于 120℃)。但是，燃料或氧化剂中存在的 CO_2 可能与此类氢氧化物发生反应，并导致电解质溶液中形成 K_2CO_3 或 Na_2CO_3：

$$CO_2 + 2KOH \Longrightarrow K_2CO_3 + H_2O$$

该反应会造成：①电解质溶液中的 OH^- 浓度降低，从而降低电池反应的动力学；②电解质溶液的黏度增加，从而导致扩散速率和极限电流的降低；③多孔电极中碳酸盐沉淀造成质量传输的降低；④降低 O_2 溶解度；⑤降低电解液电导率。以上因素会造成电池性能的严重下降。通常选取 KOH 作为碱性电解质，因为 K_2CO_3 比 Na_2CO_3 在水中溶解度更大。

使用强碱性液体电解质对电池设备组件的腐蚀性比较大，并且也很难将电池体积降到实际应用可接受的范围，如汽车系统中应用。根据目前的使用经验来看，AFC 的寿命约为 5000h。电解质注入电极孔道中，降解性会使得扩散通道增大，因此为了延长电池的使用寿命，AFC 在停机不用时需要排出液体电解质。

3.2.3 电极材料

AFC 并没有标准类型的电极，需要根据性能要求、工作温度、压力和成本限制采用不同的方法。目前 AFC 使用的电极结构主要有双孔结构电极和含有 PTFE 等防水剂的黏合型电极。

早期一种方法是使用烧结镍粉作为多孔电极，为了使反应气体、电解质溶液和固体电极之间实现良好的三相接触，镍电极由两种尺寸的镍粉制成两层。该工序为液体侧提供了润湿的细孔结构，为气体侧提供了更多的开孔。尽管必须仔细控制气体和电解质溶液之间的压差以确保液态气体边界固定在电极上，在当时仍取得了良好的效果。另一种方法是采用雷尼镍制备多孔电极，也是目前制备 AFC 多孔电极的制备方式之一。通过将所需的活性金属镍与惰性金属铝混合来制备，金属镍和铝并不是形成合金而是保持互不相溶的状态存在。之后用强碱处理溶解混合物中的 Al，留下表面积很大的多孔材料。通过改变镍金属与铝金属的比例或通过添加其他金属(Cr、Mo 或 Zn 等)可以实现调节该多孔材料的孔径结构。

黏合型电极通过在各种电催化剂材料中加入适量的防水剂(如 PTFE 等)，使分散的催化剂材料牢固结合的同时形成相互交错的双网络体系结构的气体扩散电极。由防水剂构成的憎水网络为反应气在电极内的传输提供了通道；而电催化材料构成的亲水网络则使电解液完全浸润，具有良好的导电性，从而为电子和离子提供了传导通道，并在电催化剂上完成电化学反应。

在含有 PTFE 的黏合型电极中，PTFE 除了起到黏合电催化材料的作用，还起到为反应气体提供扩散传质的疏水网络通道的作用。由于 PTFE 是绝缘体，因此在电极中含量过高会导致电极的电阻增大，增加电极的欧姆极化损失；若 PTFE 含量过低时，气体在电极中的传质阻力增大，增加电极的浓差极化损失，在高电流密度工作时表现得更为明显。因此，对于电极中 PTFE 的加入量应该存在最优区间。电极内由催化剂材料构成的亲水网络与由 PTFE 构成的疏水网络之间的比例是通过两者的体积比例来确定的，因此 PTFE 的用量与催化剂材料的性质密切相关。对于密度较大的 Ag - Pt/C 等金属催化剂，电极中 PTFE 质量分数一般为 10% ~20%，而对于密度较小的 Pt/C 等催化剂，电极中 PTFE 质量分数一般为 30% ~50%。目前电极制备方法可采用碳负载的金属催化剂和 PTFE 进行混合，然后将其轧制到镍网等材料上。另外，还会在电极表面上放置一层 PTFE 薄层，一方面可以进一步控制孔隙率；另一方面阻止电解质溶液通过电极，而无须对反应气体加压，这是多孔金属电极所必备的。此外还可以将碳纤维添加到混合物中以增加所得电极的强度、电导率和孔隙率。

AFC 的催化剂可以采用贵金属材料，如在空间电池中有较高的贵金属催化剂负载量：镀银镍丝网以 $10mg/cm^2$ 负载质量分数分别为 80% Pt + 20% Pd 的阳极催化剂，并以 $20mg/cm^2$ 负载 90% Au + 10% Pt 的阴极催化剂。两种催化剂均采用 PTFE 黏结，可在 85 ~95℃的温度下实现高性能。

碱性电解质的侵蚀性远小于 PAFC 或 PEMFC 中酸的侵蚀性，因此可以选择范围更广的催化剂，可以在阴极处使用高比表面积的雷尼镍来代替 Pt。通过提高温度，AFC 可以选择经典的非贵金属作为催化剂(阳极使用雷尼镍，阴极使用银或二氧化锰)。使用镍阳极催化剂，在低电流密度下活化超电势占主导，而在非常高的电流密度下传输过程会显著增加超电势。与铂阳极催化剂不同，如果工作电流密度过高，则电极中的镍催化剂可能发生永久的氧化，从而导致电池效率降低。

3.3 磷酸燃料电池(PAFC)

磷酸燃料电池(Phosphoric Acid Fuel Cell，PAFC)自从 20 世纪 60 年代在美国开始研究以来，由于其具有构造简单、电解质挥发性低以及性能稳定等特点，是目前技术成熟、商业实用化发展最快的一类燃料电池。许多 200kW 的 PAFC 热电联产系统安装在世界各地的医院、军事基地、休闲中心、办公室、工厂甚至监狱。我国对燃料电池的研究起步较晚，燃料电池技术相对较落后，1999 年 12 月，国家计化委员会与日本能源经济研究所(IEEJ)签订合作协议，在番禺建设 200kW 磷酸燃料电池发电站，利用养猪场的排泄物发酵产生沼气作为燃料电池用燃料，同时进行废水处理和生产有机肥料。该电站于 2004 年 12 月建成并投入使用。美国、日本以及一些西欧国家建造了许多试验电厂，功率从数千瓦到数十兆瓦。

PAFC 的工作温度在 180 ~210℃，电池堆在较高温度下的热力学效率低于较低温度的效率。工作压力根据电堆大小而有所不同，通常小容量电池堆采用常压，大容量电池堆用数百千帕，电池堆的效率随压力的增大而增加。PAFC 的冷却方法主要由空气、水(或水及蒸汽混合)、绝缘液体。燃料利用率为 70% ~80%，氧化剂气体利用率为 50% ~60%。空气中的氧含量为21%，50% ~60%的利用率表明空气中10% ~12%的氧消耗在燃料电池中。由于磷酸在常温下导电性小，在高温下具有良好的离子导电性，所以PAFC的工作温度通常在150~220℃，是中低温燃料电池的一种。PAFC的效率要比其他燃料电池低，为35% ~43%。PAFC系统产生余热的量相当多，且清洁，包括电和热，系统的总效率可达80%。目前，对于PAFC在可靠性及寿命等方面仍需进行深入的研究。

PAFC存在以下不足：①在酸性电池中，氧的电化学还原速度比碱性电池中低得多。为了减少阴极极化、提高氧的电化学还原速度，不仅须采用贵金属(如铂金)作电催化剂，而且反应温度需提高；②酸的腐蚀性比碱强得多，除贵金属与乙炔炭黑外，现已开发的各种金属与合金材料(如钢)在酸性介质中均发生严重的腐蚀。

3.3.1 结构及基本原理

PAFC的电池单体电池由隔板、阳极气室、阴极气室、电解质层、冷却板组成，其气室由双级板所构成，气体燃料与氧化剂均匀分布，两级气室互不相通。PAFC的工作方式与PEMFC相似，采用质子传导电解质，电化学反应发生在炭黑负载的高分散的电催化剂颗粒上。PAFC使用Pt或铂合金作为两个电极的催化剂。电解质是质量分数为100%的浓磷酸，燃料为氢气，氧化剂为空气或氧气。PAFC单体电池如图3－3所示。燃料气体或城市煤气添加水蒸气后送到改质器，把燃料转化为H_2、CO和水蒸气混合物，CO和H_2O进一步在移位反应器中经催化剂转化成H_2和CO_2。经过如此处理后的燃料气体进入燃料堆的阳极(燃料极)，其中H_2被电化学消耗掉，而CO_2和H_2O只是简单地经过而不发生化学反应。同时将氧输送到燃料堆的阴极(空气极)进行化学反应，借助催化剂的作用迅速产生电能和热能。在PAFC运行过程中，H_2作为燃料气和空气作为氧化气体被分别送至阳极和阴极，当H_2进入阳极气室，到达阳极后，在催化剂的作用下失去2个电子，生成H^+。随后H^+在电解质中扩散至阴极处，与氧气结合生成水分子。具体的电化学反应如下：

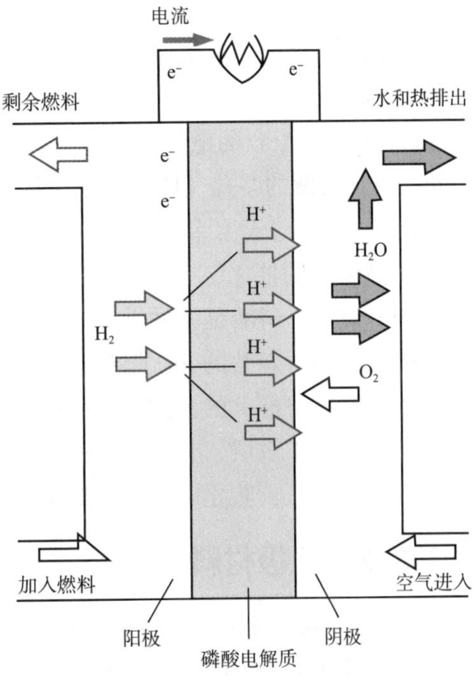

图3－3 PAFC单体电池

阳极半反应：$H_2 \longrightarrow 2H^+ + 2e^-$

阴极半反应：$\frac{1}{2}O_2 + 2H^+ + 2e^- \longrightarrow H_2O$

总反应：$H_2 + \frac{1}{2}O_2 \longrightarrow H_2O$

3.3.2 电解质材料

PAFC 使用液态的 100% 磷酸(H_3PO_4)为电解质。磷酸是一种常见的无机酸，其在 150℃以上具有良好的热稳定性、化学稳定性和电化学稳定性，不易挥发、不易分解，被认为适用于作为燃料电池的电解质。以磷酸作为燃料电池电解质的优点之一在于磷酸具有较为优秀的 CO_2 耐受性，因此在使用过程中不必去除燃料气和氧化剂中的 CO_2。磷酸的这些特性使燃料要求降低，可从城市天然气、沼气、工厂废弃物等提取。但由于 100% 磷酸的固化温度在 42℃左右，当电池停止运行时，电解质会发生固化，使电池体积增加。另外，磷酸在凝固及重新熔化的过程中会产生应力，这都会使电解质隔膜发生损坏，降低电池的性能。因此，PAFC 无论是否在运行状态下均需保持在 45℃以上。尽管磷酸蒸气压较低(0.67/25℃)，但在高温下长时间的使用过程中会损失一些酸，损失的电解质的量主要取决于操作条件，尤其是气体流速和电流密度。因此，有必要在使用过程中补充电解质，或在开始运行前具有足够的电解质储备以支持后续运行的预期寿命。

早期的 PAFC 使用的隔膜主要是经过特殊处理的石棉膜和玻璃纤维纸，但其中的碱性氧化物会和电解质中的浓磷酸发生反应，造成隔膜破损和结构改变。随后采用碳化硅(SiC)材料作为 PAFC 的电解质隔膜，具有优异的化学稳定性和电化学稳定性。在 PAFC 中 SiC 隔膜与其两侧的多孔气体扩散电极构成膜/电极“三合一”组件。一般先将小于 1μm 的 SiC 与 2% ~4% 的 PAFC 和少量的有机黏合剂(如环氧树脂胶黏剂)配成均匀的溶浆，在多孔气体扩散电极的催化层一侧制备厚度为 0.15 ~0.2mm 的 SiC 隔膜，在空气中干燥，再在 270 ~300℃烧结。磷酸是一种无色、黏稠、吸湿的液体，它通过毛细作用被包含在 SiC 隔膜的空隙中。饱含磷酸的 SiC 隔膜起到如下作用：①起到离子传导作用。为了减少电阻，隔膜必须具有尽可能大的孔隙率，一般为 50% ~60%。同时为了保障磷酸优先充满 SiC 隔膜而非电极气体扩散层，其平均孔径应小于电极的孔径。②隔离燃料和氧化剂，维持阳极室和阴极室的分压，防止电池发生短路问题。

3.3.3 电极材料

PAFC 的电极为多孔的气体扩散电极，主要由催化剂层、平整层(扩散层)和支撑层组成。第一层催化剂层由电极催化剂附着于多孔碳纸上制成，碳纸的孔隙率一般可在 60% ~90%，平均孔径为 3.4 ~12.5μm。第二层为扩散层，为了便于在扩散层上覆盖催化剂层，需要在其表面上制备一层由 X-72 型炭与质量分数为 50% 的 PTFE 混合液所制备的扩散层，厚度通常在 1 ~2μm。其作用是：①提供相对平整的扩散层表面，利于负载催化剂层；②防止负载催化剂层时 Pt/C 电催化剂进入扩散层内部，降低催化剂 Pt 的利用效率。第三层为支撑层，起到对催化层和扩散层的支撑作用。

PAFC 的催化剂是在炭黑上均匀负载的铂颗粒。炭黑由于其具有导电性能好、比表面积高、耐腐蚀和低密度等特点而被选为电催化活性铂的载体。其主要功能是：①分散铂活性材料以提高其电催化反应利用率；②增加催化剂层的导电性；③在电极中提供微孔，使气体最大限度地扩散到催化剂表面以及电极-电解质界面。同时，在目前使用的 PAFC

中，电极催化剂层含有质量分数为30%～50%的PTFE作为黏合剂，形成多孔结构。这类催化剂取代了20世纪60年代中期使用的第一批磷酸燃料电池电堆中使用的PTFE黏结的铂黑。电极中催化剂担载量也从铂黑需要的$9mg/cm^2$降低到铂－炭黑所需要的阳极$0.1mg/cm^2$，阴极$0.5mg/cm^2$，极大程度上降低了Pt的用量。

3.4　熔融碳酸盐燃料电池(MCFC)

熔融碳酸盐燃料电池(Molten Carbonate Fuel Cell，MCFC)，是以熔融态碳酸盐作为电解质，以多孔陶瓷作为隔膜的高温燃料电池。科学家们提出一种设想，化石能源产生的CO_2排放可以被用作这种燃料电池的原料之一，从而有效降低温室气体的排放。MCFC属于高温燃料电池，与低温燃料电池相比，MCFC的成本和效率很有竞争力，概括起来具有如下优势：①在工作温度下，MCFC可以进行内部重整燃料，例如在阳极反应室进行甲烷的重整反应，重整反应所需热量由电池反应的余热提供；②MCFC的工作温度为650～700℃，其余热可以用来压缩反应气体以提高电池性能，也可以用于供暖；③燃料重整时产生的CO可以作为MCFC的燃料，且由于MCFC为高温燃料电池，催化剂不会受到CO的中毒的影响；④催化剂为镍合金，不适合用贵金属催化剂。

MCFC适用于建立高效、环境友好的电站，其特点是电池材料廉价，电池堆易于组装，效率在40%以上，同时具有噪声低、无污染以及余热利用价值高的优点。但是，由于MCFC需要较长的时间才能达到工作温度，因此在交通运输领域的应用受到限制。

3.4.1　结构及基本原理

MCFC的结构如图3－4所示。它的燃料气是H_2，氧化剂是O_2和CO_2。当电池工作时，阳极上H_2与阴极迁移来的碳酸根离子反应生成水合二氧化碳，同时将电子输送至外电路；阴极上的O_2和CO_2与从外电路而来的电子结合，生成碳酸根离子。具体的电化学反应如下：

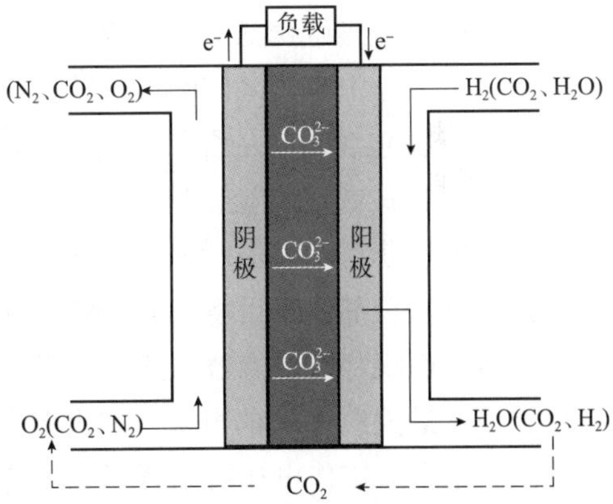

图3－4　MCFC结构示意

阳极半反应：$H_2 + CO_3^{2-} \longrightarrow CO_2 + H_2O + 2e^-$

阴极半反应：$\frac{1}{2}O_2 + CO_2 + 2e^- \longrightarrow CO_3^{2-}$

总反应：$H_2 + CO_2 + \frac{1}{2}O_2 \longrightarrow H_2O + CO_2$

与其他普通类型的燃料电池不同，CO_2和O_2必须同时提供给阴极并转化为碳酸根离子，通过隔膜迁移至阳极，再在阳极表面反应转化为CO_2。因此，对于MCFC中每消耗1mol的氢分子，将在两电极之间净转移2mol的电子和1mol的CO_2。

由于阴极和阳极都有CO_2参与反应，当两个电极间CO_2的分压相同时，电池的电势只取决于H_2、O_2和水蒸气的分压。在MCFC使用过程中，通常是将电池阳极产生的CO_2从外部循环到阴极消耗，其过程主要通过燃烧器实现。将阳极室排出的尾气导入燃烧器，将所有未反应的燃料气体转化为 H_2O 和 CO_2，再将燃烧器后的废气与新鲜空气混合，然后送入阴极室入口，实现 CO_2 的循环利用。同时未反应的燃料在燃烧过程中产生的热量可以用来预热反应空气，将废热用于底层循环或其他使用。

3.4.2 电解质材料

MCFC 电解质通常是碱金属碳酸盐的混合物。由于 Li 较小的原子量以及最佳的离子传导性，早期使用碳酸锂 - 碳酸钠（$Li_2CO_3 - Na_2CO_3$）的低共熔混合物，之后又使用碳酸锂 - 碳酸钾（$Li_2CO_3 - K_2CO_3$）混合物，尤其是 62% Li_2CO_3 + 38% K_2CO_3（摩尔分数）的共晶混合物，熔点为 487℃。此外，对 Li - K - Na 三元混合物也进行了研究，但目前的研究趋势是回到 Li - Na 混合物，因为与 Li - K 混合物相比，其蒸气压较低，可以减少电解质损失并提高碱度。

MCFC 的熔融电解质被固定在隔膜基质内。电解质隔膜应具备如下 4 种功能：①隔离阳极和阴极的电子绝缘体；②作为碱金属碳酸盐电解质的载体，碳酸根离子迁移的通道；③浸满熔融盐后防止气体的渗透；④通过“湿封”防止气体泄漏。单电池外壳为金属时，湿封是唯一的气体密封方法。

目前，MCFC 的隔膜材料通常采用高比表面积亚微米的铝酸锂（$LiAlO_2$）陶瓷纤维。以往使用的流延铸造工艺制备的铝酸盐隔膜在电池工作温度下会与电解质发生反应造成相变，从而导致隔膜内部结构完整性丧失，进而导致裂纹和电池降解。直到 20 世纪 90 年代时，基体通常由热压粉状材料制成瓷砖得到且常被称为电解质“砖”。如今，基体通常使用陶瓷和电子工业中普遍采用的流延铸造法制成。主要过程包括：将陶瓷材料分散在“溶剂”中，该“溶剂”包含溶解的黏结剂（通常为有机化合物）、增塑剂和添加剂，以实现混合物或“滑片”所需的黏度和流变性；然后再将滑片以薄膜形式浇筑在移动的光滑表面上，并可用调刀片剪切获得所需的厚度；干燥后再将薄膜在空气中进一步加热，并在 250 ~ 300℃ 下燃烧掉有机黏合剂；然后将未完全硬化的“绿色”成品组装到电堆结构中。电解质的流延铸造是制造大面积部件的有效方式，这里描述的方法也可以应用于阴极和阳极材料，用以制造电极面积最大约 $1m^2$ 的电堆。与大多数其他燃料电池相比，MCFC 电解质尤其是陶瓷基体的欧姆电阻对工作电压有重要影响。使用流延铸造方法可以将电解质隔膜制备得非常薄（0.25 ~ 0.5mm），这在降低欧姆电阻方面具有显著优势。然而，在低电阻和长期稳定性之间还需要平衡，厚度过薄的电解质隔膜长期稳定性会有所下降。

隔膜的孔隙率越大，浸入的碳酸盐电解质就越多，隔膜的电阻率也就越小。考虑隔膜应能承受较大的穿透气压，同时还应尽量减小电阻率，所以隔膜应具有小的孔半径和大的孔隙率。一般 MCFC 隔膜的厚度为 0.3 ~ 0.6mm，孔隙率为 60% ~ 70%，平均孔径为 0.25 ~ 0.8μm。

3.4.3 电极材料

（1）阳极材料

目前 MCFC 的阳极由多孔烧结镍和少量铬和铝或铝制成。通常阳极板的厚度为 0.4 ~

0.8mm，孔隙率为55%～75%，平均孔径为4～6μm。制造过程是热压细分粉末或流延铸造粉末状材料及添加剂的浆液，以实现粉末黏合剂混合物所需的流体性能。流延铸造是一种低成本湿法工艺，与热压粉末工艺相比，它可以生产出更薄的阳极板从而可以更好地控制厚度和孔径分布。纯镍材料会发生蠕变现象，晶体结构产生的微形变会破坏阳极结构，导致电极性能的衰减。为了改善合金的性能，通常向纯镍中添加铬或铝形成合金，分散蠕变应力，同时可以减少电池运行过程中镍颗粒的烧结，提高多孔镍的机械稳定性。镍颗粒的烧结会导致孔径增大、表面积减小以及电解质中碳酸盐的损失。孔结构的变化还会导致阳极在电池堆中的挤压作用下发生机械变形，进而降低电化学性能并导致电解质破裂。Ni－Cr或Ni－Al合金阳极的稳定性尽管已经达到商业应用许可要求，但成本较高。

(2)阴极材料

MCFC的电极催化活性和反应稳定性很高，因此电极材料一般采用非贵金属，如多孔氧化镍(NiO)。纯NiO是一种n型半导体，在MCFC工作运行时NiO会被电解质中的Li^+掺杂同时产生额外的电子－空穴对，从而可用Ni^{3+}代替Ni^{2+}来增强导电性。但是在长期的运行中，NiO容易溶解于熔融盐电解质中，造成阴极的损失，导致电极性能下降。NiO在电解质中的溶解度与CO_2的分压有关系。随着CO_2的分压增加，NiO先经历“碱性溶解”再经历“酸性溶解”，因此CO_2的分压较高时，以“酸性溶解”为主，其反应机理为：

$$NiO + CO_2 \xlongequal{} Ni^{2+} + CO_3^{2-}$$

同时溶解在电解质中的镍离子会向阳极扩散，当离子接近阳极附近的高温还原气氛时(燃料气为还原性气体)，金属镍会在电解质中结晶而导致内部短路，造成电池功率输出损失。

如果在电解质中使用碱性而不是酸性碳酸盐，则可缓解该问题。常见的碱金属碳酸盐的酸碱性排列顺序：(酸性)$K_2CO_3 < Na_2CO_3 < Li_2CO_3$(碱性)。当电解质为62% Li_2CO_3 + 38% K_2CO_3和52% Li_2CO_3 + 48% Na_2CO_3的低共熔混合物有着最低的NiO溶解速率。另外，向碳酸盐中加入一些碱土金属氧化物(MgO、CaO、SrO、BaO)，制成碱性较强的掺杂性NiO多孔电极，可使NiO的溶解度降低多达50%。因此，在使用NiO作为MCFC阴极材料，减少Ni溶解的方法有：①使用碱性碳酸盐；②在大气压下运行且使用阴极室中CO_2的分压保持在较低值；③使用相对较厚的电解质隔膜以增加镍离子的扩散路径。通过以上方式进行调节可以使电池的工作寿命在4万小时以上。

为了在更高的压力下运行，其他阴极材料如$LiCoO_2$和$LiFeO_2$受到广泛关注。这两类材料作为阴极材料在工作条件下基本不溶于碱金属熔融盐电解质，但在常压下催化活性低，电极极化大，交换电流密度低，且机械强度小，需要进一步优化。通过将$LiCoO_2$和$LiFeO_2$与NiO进行复合可以一定程度上改善电池的性能，但在长期商业应用的方面还有待观察。

3.5 固体氧化物燃料电池(SOFC)

氢基燃料电池的发展经历了第一代磷酸燃料电池(磷酸燃料电池)，第二代熔融碳酸盐燃料电池(MCFC)，随后第三代固体氧化物燃料电池(Solid Oxide Fuel Cell，SOFC)进入了大众的视野。SOFC是使用氧化物离子导电陶瓷材料作为电解质的固态设备，其反应过程仅仅涉及两个相(固相和气相)，因此在概念上比其他类型的燃料电池系统更简单。此外，由于电解质为固体氧化物，在电池使用过程中不会发生PAFC和MCFC中所存在的电解质管理问题，并且工作温度高表明不需要贵金属催化剂。气态的 H_2 和CO均可以作为SOFC的燃料使用。

3.5.1 结构及基本原理

SOFC的工作条件温度较高，因此催化剂不必使用贵金属材料，燃料也无须是纯氢，在燃料中存在烃类化合物也不会造成催化剂中毒。单体燃料电池目前主要有平板式和管式两种结构，以及在此基础上发展起来的兼具平板式和管式优点的平管式固体氧化物燃料电池。

SOFC与其他类型燃料电池不同之处在于其主要采用具有较高离子电导率的固体氧化物作为电解质，通常采用固体的膜结构形式连接阴阳电极。根据采用的导电离子种类，SOFC可分为：氧离子导电电解质燃料电池和质子导电电解质燃料电池。目前，对于SOFC的研究工作主要集中在氧离子导电电解质燃料电池，其电池的电化学反应为：

阳极半反应：$H_2 + O^{2-} \longrightarrow H_2O + 2e^-$

阴极半反应：$O_2 + 4e^- \longrightarrow 2O^{2-}$

总反应：$H_2 + \frac{1}{2}O_2 \longrightarrow H_2O$

SOFC和MCFC均为高温燃料电池，具有相似的工作原理，如图3-5所示。在电池运行过程中，燃料气和氧化气体分别送至阳极和阴极，在多孔的阴极上，O_2 发生还原反应从 O_2 分子生成 O^{2-}。在固体电解质中，利用 O^{2-} 浓度差作为驱动力，通过氧空位和 O^{2-} 之间的换位跃迁到阳极，实现带负电的 O^{2-} 从阴极通过电解质流向阳极。随后与阳极的燃料分子发生氧化反应生成 H_2O 分子，从而形成了带电离子定向流动而输出电能。

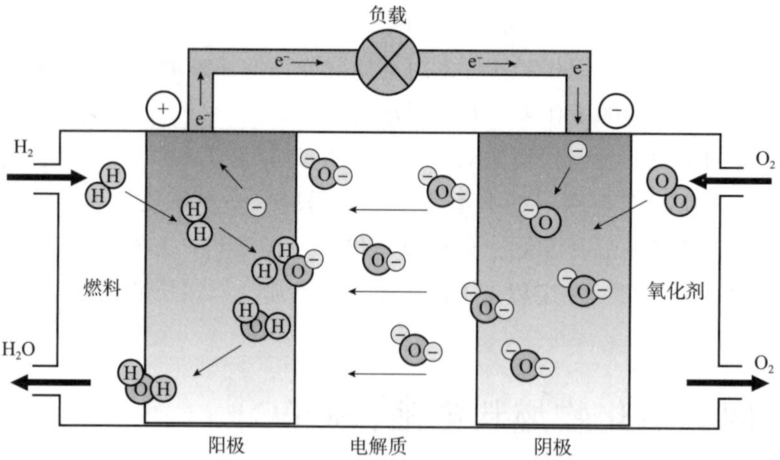

图3-5 SOFC结构示意

3.5.2 电解质材料

对于 SOFC 而言，其阴极与阳极之间离子的流动主要依靠电解质中 O^{2-} 的传导，且电解质在高温下会同时暴露于空气侧的氧化端和燃料侧的还原端。因此，对于 SOFC 的电解质材料具有以下几点要求：

①电解质材料应具有足够高的 O^{2-} 电导率，以最大程度减少欧姆损耗，且几乎没有电子电导率，同时需要在电池工作条件下能长时间保持原有的 O^{2-} 传导性；

②电解质材料应具备足够的机械强度和稳定性，能够在高温条件下，在氧化剂气氛和燃料的还原性气氛中保持形貌、尺寸的稳定性以及化学稳定性；

③从 SOFC 的制作工艺角度，电解质材料还须易于制备成致密的薄膜，在实现有效隔离燃料气体和氧化剂的基础上，尽可能降低薄膜厚度带来的欧姆损失。如果将多孔阳极或阴极用作载体，则难以制造致密的薄电解质层；

④固体电解质作为连接阴阳电极的桥梁，还需考虑与两个电极的机械兼容性，即热膨胀系数必须在界面处匹配。

目前 SOFC 所采用的电解质材料主要有以下几类：

(1)萤石结构的氧化物

SOFC 的发展历史可以追溯至 1899 年，当时 Nernst 第一个认识到二氧化锆(ZrO_2)是 O^{2-} 的良导体，随后开发出一系列基于氧化锆的 SOFC 电解质材料。纯 ZrO_2 具有单斜晶体结构，在室温下不是良好的离子导体。当将其加热至 1173℃以上时，会发生从单斜晶相向四方晶相转变的相变过程。进一步加热至 2370℃ 以上时，ZrO_2 会转变为立方萤石结构，为离子导体。从单斜晶相到四方晶相的相变会伴随 5% 的体积收缩，当温度降低 ZrO_2 从四方相转变为单斜相时，会发生约 8% 的体积膨胀。为了减少 ZrO_2 的体积收缩/膨胀所引起的稳定性问题，实现在较低温度下稳定立方结构，同时增加氧空位的浓度，从而增加利用空位跳跃传导 O^{2-} 的能力，通常向 ZrO_2 中引入 Ca^{2+} 和 Y^{3+} 等阳离子亚晶格，形成氧化钙(CaO)稳定的氧化锆(CSZ)和氧化钇(Y_2O_3)稳定的氧化锆(YSZ)材料。引入掺杂剂可以稳定氧化锆的立方萤石结构，同时增加了晶格中氧离子空位的数量，从而改善 O^{2-} 传导性。

以 YSZ 为例，通常在 ZrO_2 中掺入 3mol% ~8mol% 的 Y_2O_3 作为 SOFC 的电解质。YSZ 在阳极的还原环境和阴极的氧化环境中都非常稳定。当温度在 700℃左右时，氧化锆会成为快速的 O^{2-} 导体。其传导 O^{2-} 的过程是由于立方萤石结构中的某些 Zr^{4+} 被 Y^{3+} 所取代，由于 Y^{3+} 和 O^{2-} 的配位数与 Zr^{4+} 的不同，发生取代后发生 O^{2-} 位空缺，使氧空位浓度增加。O^{2-} 的传输发生在位于晶格中四面体位点的空位之间。YSZ 的离子电导率在 800℃ 时为 0.02S/cm，在 1000℃时为 0.1S/cm，类似于液体电解质。此外，YSZ 可以做得很薄(24 ~ 50μm)，从而确保 SOFC 中的欧姆损耗可与其他类型的燃料电池在同一水平。约 10μm 厚的陶瓷粉电解质材料可以被喷涂到负电极上，或者作为自支撑结构，但是需要 100μm 厚。通常来看，电解质的极化损失随着电解质厚度的增加而增加，所以可能的话，在不引起短路和气体渗透的情况下，只需要一个薄层的电解质。可以将少量的 Al_2O_3 添加到 YSZ 中以改善其机械稳定性，从而可以制造厚度更小的电解质薄层。该类材料存在的问题是：在中低温条件下电导率低，会造成一部分的欧姆损失，降低电池效率。

除了掺杂的氧化锆基材料之外，萤石结构还有掺杂的二氧化铈（CeO_2）和掺杂的三氧化二铋（Bi_2O_3）可作为 SOFC 的电解质材料。掺有氧化钐（Sm_2O_3）或氧化钆（Gd_2O_3）的氧化铈（SDC，GDC）比掺有其他氧化物的氧化铈具有更高的离子传导性和更好的稳定性。该种电解质存在的不足是，四价的铈离子在还原气氛中不够稳定，容易被还原成三价，离子电导率会降低，从而导致效率的衰减。掺杂的 Bi_2O_3 材料在萤石结构的电介质材料中电导率最高，但其在电池应用中稳定性表现最差，离子电导的氧分压范围小且在还原气氛中容易分解，因此在实际应用中受到诸多限制。

尽管已研究了其他几种氧化物，如 Bi_2O_3、CeO_2 和 Ta_2O_5，但 YSZ 仍然是最有效的高温 SOFC 电解质。现阶段 SOFC 的实际应用中，制作流程简单、价格低的薄膜主要针对氧化锆基电解质，对于掺杂改性主要针对氧化铈和氧化铋基电解质材料，优化目标主要是提高机械强度和稳定性，以及降低电导率。

（2）钙钛矿氧化物

钙钛矿氧化物化学式可用 ABO_3 表示，其中位于晶格角上 A 位置离子通常为碱土金属或稀土元素，而位于晶格中心的 B 位置离子通常为 3d、4d 或 5d 过渡金属元素。A 位和 B 位都可以引入价态低的阳离子进行掺杂，在 A 位主要用 Ba、Sr、Ca 等碱土金属的氧化物进行掺杂，B 位主要用过渡金属 Fe、Mg、Cr 等或碱土金属和其他氧化物进行掺杂。1994 年，Ishihara 等发现具有钙钛矿结构的 $LaGaO_3$ 基氧化物离子导电性高于 YSZ，同时电子电导可忽略不计，在很宽的氧分压范围内（$10^{-20}\mathrm{atm} < p_{O_2} < 1\mathrm{atm}$）其具有良好的离子导电率。进一步利用 Sr 和 Mg 分别部分取代 $LaGaO_3$ 中 A 位的 La 和 B 位的 Ga，得到了具有理想钙钛矿结构的 $LaSrGaMgO_3$（LSGM）。掺杂后的 LSGM 在 800℃时的性能可以与 YSZ 在 1000℃时相媲美，因而这类电解质材料常被用于中低温固体氧化物燃料电池。作为理想的中低温 SOFC 电解质，其电导率略高于氧化铈，O^{2-} 电导系数接近于 1，在还原性气氛中不易还原。在随后的研究中，对 LSGM 的成分进行优化，对化合物进行掺杂，在 LSGM 中掺杂少量 Co_2O_3 表明，LSGM 的电导率将显著提高。但是这类化合物存在着不足之处，即其性能在较低温度下急剧下降，难以制备出纯度较高的单相材料，其化学和机械的稳定性相对较差。Ga 易在高温下挥发，La 会与阳极中的 Ni 反应，产生离子绝缘的 $LaNiO_3$ 相。

（3）其他材料

除了以上两类常见的材料之外，一些新型的材料也被研究应用于 SOFC 的电解质中。如磷灰石结构的氧化物，其通式可写作 $M_{10}(XO_4)_6O_2 \pm y$，其中 M 是稀土或碱土金属阳离子；X 是 p 区元素，如 P、Si 或 Ge；y 是非化学计量的氧原子量。这些氧化物与骨骼和牙齿中的羟基磷灰石具有相同的结构。相比于以上两类电解质材料，磷灰石类氧化物的电导率和机理明显不同，它是一种低对称性材料，且具有独特的晶体结构，在 c 轴方向上电导率要明显高出很多。磷灰石类氧化物在中低温区具有较高的离子电导率，但在实际应用中还需要进一步提高化学稳定性和与电极材料的相容性。另外，由于磷灰石类氧化物烧结温度高的原因，很难制备出致密的电解质层，限制了这类材料的大规模应用。

目前，基于氧化锆电解质的 SOFC 工作温度可在 800～1100℃。这是所有燃料电池的最高工作温度范围，因此在结构和耐用性方面提出了额外的挑战。SOFC 通常具有良好的电效率，以 LHV 计算其效率大于 50%，在联合循环方案中甚至具有更好的性能。事实上，无论是简单循环设备还是混合式 SOFC 设备，已经展现了在所有的发电系统中都堪称一流的效率。

3.5.3 电极材料

电极的作用在于能够催化相关的反应，在 SOFC 中，电极材料需要具备以下几点特征：

①在较高的工作温度条件下，具有足够高的电化学催化活性。燃料在阳极被氧离子氧化，因此阳极材料需要具备足够高的催化氧化活性，以进行燃料电池的电化学氧化；氧化剂在阴极发生还原反应，因此阴极需要具有足够高的电化学氧还原反应的催化活性。

②电极需要有一个很大的有效表面积，以确保电极与燃料气/氧化剂的充分接触，发生电化学催化反应。同时还需要具有足够高的孔隙率，以确保燃料的供应及反应产物的排出。

③此外，电极还需要在运行温度下稳定存在，阳极和阴极分别在氧化气氛和还原气氛下保持一定的催化活性、化学稳定性和机械稳定性。

④同时需要具备高的混合电导特性，具有匹配热膨胀系数，而且必须与其他电池材料和电池组件具有良好的相容特性。

(1)阳极材料

SOFC 的阳极材料一般采用金属 - 电解质复合的金属陶瓷，其中电解质的主要作用是支撑分布的金属颗粒形成的连续存在的网络结构，金属颗粒还形成了用于电子传导的连续结构，但是如果长时间在高温下工作，电解质会限制金属颗粒的尺寸，也会限制形貌的变化。典型的阳极催化剂有 Ni、Co 以及贵金属。这些材料在高温还原气氛下具有优异的化学稳定性，热膨胀系数相差不大，且可以与电解质材料化学相容。

目前 SOFC 的阳极多数是由氧化钇稳定的氧化锆(YSZ)和 Ni 制成的金属陶瓷。选择 Ni 主要是因为它具有良好的电子导电性，并且在化学还原条件下具有弹性。此外，它还比低温燃料电池中使用的贵金属催化剂具有更强的抗硫能量，也避免了 Pt 催化剂在使用过程中的 CO 中毒情况。

Ni - YSZ 金属陶瓷中，多孔 YSZ 用于抑制金属颗粒的粗化或烧结，减少表面积的损失，并为阳极提供类似于电解质的热膨胀系数。

通常在金属陶瓷中使用体积占比至少 30% 的 Ni，以便在保持所需孔隙率的同时获得足够的电子导电性，从而不损害反应物和产物气体的传递。Ni 和 YSZ 在很宽的温度范围内都是非反应性的，并且彼此之间不混溶。这两个特征简化了 YSZ 金属陶瓷的合成，并允许通过常规的 NiO 和 YSZ 粉末烧结来制备。将 NiO 在原位还原成 Ni 会导致高度多孔(20% ~40%)的 YSZ 结构，该结构在 YSZ 孔的表面上包含相连的 Ni 颗粒。该结构提供了用于燃料氧化的基本三相边界以及用于从反应区到 SOFC 集电器的电子传导路径。

传统上，通常根据所需的电池配置，通过将由 NiO 和 YSZ 粉末制成的墨水直接涂在 YSZ 电解质管或板上来制备阳极。涂漆的电解质干燥后，在约 1400℃的空气中烧结，在此期间，由于 NiO 和 YSZ 颗粒的生长，形成了上述多孔阳极结构。在这样的高温下烧结所得的多孔阳极层和致密的 YSZ 电解质层也会形成良好的结合。

(2)阴极材料

贵金属在氧化气氛中具有良好的催化活性及导电性，被作为 SOFC 阴极材料的首选，但因为价格以及催化剂中毒等因素难以大规模使用。目前用于 SOFC 的阴极材料主要有两类：掺杂的钴酸盐和掺杂的锰酸盐，它们主要包含稀土元素的钙钛矿复合氧化物。最早引起人们关注的是钙钛矿镧钴矿($LaCoO_3$)。最初，该化合物表现出良好的性能，但进一步的测试表明，它与 YSZ 电解质会发生反应，导致不可逆降解。尽管通过掺杂 Sr 可以提高离子电导率，但是 $LaCoO_3$ 仍然会与 YSZ 发生反应。它与掺杂的氧化铈不发生反应，但两者之间的膨胀系数不匹配。其他相似的钴矿材料，其中包括钆锶钴矿 $Gd1-xSrxCoO_3$，也适用于氧化铈电解质。在探索了用于阴极材料的钴矿之后，研究人员转向了锰矿的研究，$LaMnO_3$ 成为首选材料。尽管其易与 YSZ 反应，特别是在高温下，锶掺杂的 $LaMnO_3$(LSM)在过去的 20 年中已经成为 SOFC 使用最广泛的阴极材料。与许多钙钛矿一样，LSM 的晶体结构发生相变，从室温下的正交晶体结构变为 600℃下的菱形晶体。可以通过用 Sr^{2+} 代替某些 A 位上的 La 来增强 LSM 的混合离子电导率。特别值得注意的是，LSM 的缺陷结构和非化学计量氧含量取决于实际所施加的氧分压。与大多数钙钛矿氧化物相比，LSM 基本不存在氧原子过量或缺失的情况。该材料在很宽的氧分压范围内都是稳定的，但是在非常低的水平上，它会发生分解生成两个分相，即 La_2O 和 MnO。表 3－1 所示为不同类型燃料电池的比较。

表 3－1　不同类型燃料电池比较

	质子交换膜燃料电池(PEMFC)	碱性燃料电池(AFC)	磷酸燃料电池(PAFC)	熔融碳酸盐燃料电池(MCFC)	固体氧化物燃料电池(SOFC)
使用温度/℃	25～100	25～250	150～220	600～700	600～1000
工作压力/atm	1～3	1～4	3～10	1～10	1
最大效率	58%左右	64%左右	42%左右	50%左右	65%左右
电极半反应	$H_2 \longrightarrow 2H^+ + 2e^-$ $\frac{1}{2}O_2 + 2H^+ + 2e^- \longrightarrow H_2O$	$H_2 + 2OH^- \longrightarrow 2H_2O + 2e^-$ $\frac{1}{2}O_2 + H_2O + 2e^- \longrightarrow 2OH^-$	$H_2 \longrightarrow 2H^+ + 2e^-$ $\frac{1}{2}O_2 + 2H^+ + 2e^- \longrightarrow H_2O$	$H_2 + CO_3^{2-} \longrightarrow CO_2 + H_2O + 2e^-$ $\frac{1}{2}O_2 + CO_2 + 2e^- \longrightarrow CO_3^{2-}$	$H_2 + O^{2-} \longrightarrow H_2O + 2e^-$ $O_2 + 4e^- \longrightarrow 2O^{2-}$
电极材料	Pt/C 或 Pt－Ru/C	烧结镍，雷尼镍	Pt 或 Pt 合金	多孔烧结镍；多孔氧化镍	Ni(NiO)－YSZ 金属陶瓷；$LaCoO_3/LaMnO_3$

续表

	质子交换膜燃料电池（PEMFC）	碱性燃料电池（AFC）	磷酸燃料电池（PAFC）	熔融碳酸盐燃料电池（MCFC）	固体氧化物燃料电池（SOFC）
电解质材料	质子交换膜	KOH/多孔石棉	H_3PO_4/SiC	Li_2CO_3/K_2CO_3 Li_2CO_3/Na_2CO_3	YSZ、CSZ
优点	空气作为氧化剂，固体电解质，工作温度低，启动迅速	电解质成本低，对设备腐蚀小，工作温度低，启动快	构造简单、电解质挥发性低以及性能稳定	燃料选择范围广，非贵金属催化剂，采用空气冷却节省成本	燃料选择范围广，非贵金属催化剂，不存在漏液、腐蚀情况
缺点	催化剂会CO中毒，对氢燃料中含碳量要求高，反应物需要达到一定湿度	碱性电解质和CO_2之间的不相容降低电池效率	发电效率较低，酸性电解质对催化剂和隔膜稳定性要求较高	工作温度较高，电解液腐蚀问题严重，密封技术难度大	工作温度较高，电池组材料成本高
主要应用	电站，机动车辆，移动电源	航天项目，便携电源	电站，车辆，小容量可移动电源	分布式电站	电站，汽车、船舶电源

3.6 本章小结

氢氧燃料电池是以 H_2 作为原料，以 O_2 或空气作为氧化剂，在燃料电池内部发生非燃烧的氧化还原反应，使得化学能直接转化为电能。氢氧燃料电池目前主要有质子交换膜燃料电池(PEMFC)、碱性燃料电池(AFC)、磷酸燃料电池(PAFC)、熔融碳酸盐燃料电池(MCFC)以及固体氧化物燃料电池(SOFC)。这5种燃料电池的内部组成结构、燃料气与氧化剂各自的反应原理以及工作条件和应用场景各有不同。目前这几种燃料电池分别各自处于不同的发展阶段，在一些航天航空、军事以及日常生活中均有广泛的应用。但目前氢氧燃料电池仍然存在转化效率低、一些类型燃料电池工作温度过高、设备腐蚀寿命短、催化剂价格高稳定性差等问题，仍然需要研究者进一步优化改善。

习题

1. 采用氢气作为燃料气的燃料电池有哪几种？
2. 高温燃料电池有哪几种？高温燃料电池与其他几种燃料电池区别有哪些？
3. 几种燃料电池的总反应均为 $H_2 + \frac{1}{2}O_2 \longrightarrow H_2O$，不同类型的燃料电池的电极反应区别是什么？
4. 质子交换膜燃料电池和磷酸燃料电池均采用酸性电解质，两者的区别有哪些？
5. 日常生活中能接触到的场景中哪些用到了燃料电池？是什么类型的燃料电池？

第 4 章　燃料电池的结构与材料

4.1　单电池的结构与材料

燃料电池是以固体聚合物为电解质，铂/炭为电催化剂，氢或净化重整气为燃料，空气或纯氧为氧化剂，带有气体流动通道的石墨或表面改性的金属板为集流板，因此其基本结构主要由质子交换膜、催化剂层、扩散层、集流板(双极板)组成。其中质子交换膜被催化剂所覆盖，催化剂直接与扩散层和电解质两者相接触，且接触面越大，相互作用越充分越好。催化层之上为气体扩散层。质子交换膜电解质、催化层和扩散层组合成为膜电极。

燃料电池的结构是根据其内部发生的反应及过程而设计的，燃料电池内部主要发生以下过程，如图 4 - 1 所示。

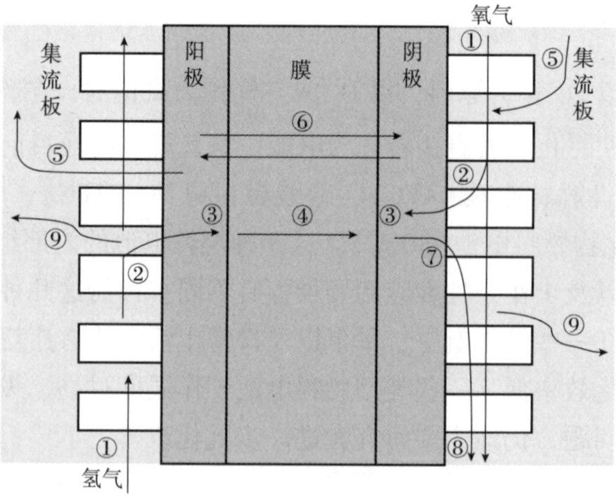

图 4 - 1　电池结构和主要过程

①气体流过通道；②气体通过多孔扩散层扩散；③燃料电池中的电化学反应；
④质子在质子交换膜内传导；⑤电子在集流板中传导；⑥聚合物膜传输水；
⑦催化层和气体扩散层中的水传输；⑧气液两相流；⑨固体原件和反应气体以及冷却介质的对流传热

在结构设计过程中须遵循阻力和损耗最小的原则来完成上述过程。要达到燃料电池运行过程中阻力最小，需要电池中各个部件协同最佳。尽管燃料电池看起来结构简单，但是元件和材料特性之间的依赖关系很强，且一个元件内部往往发生多个过程，所以须对这些结构和特性进行优化。对于气体扩散层来说，优化的原则是利于气体扩散，反向流动的水不会在孔洞中聚集，同时还得满足具有良好的导电和传热的特性。

4.1.1 膜

膜是燃料电池中非常重要的关键部件之一，膜的性能直接影响电池的性能和寿命，因此用于 PEMFC 的膜必须满足下列条件：

1)具有高的质子传导性，一般要达到 0.1S/cm；

2)在运行条件下具有良好的化学和电化学稳定性；

3)具有低的气体(H_2、O_2)渗透系数和高的法拉第(库仑)效率。一般气体渗透系数应低于 $1.33\times10^{-5}cm^3\cdot cm\cdot cm^{-2}\cdot s^{-1}\cdot Pa^{-1}$；

4)在运行温度下有一定的黏弹性，以利于制备膜电极时能与催化剂完全结合接触，较少电阻；

5)有一定的机械强度，以便膜电极“三合一”组件的制备和电池的组装。

通常，PEMFC 的膜是由全氟磺酸(PFSA)膜离子聚合物组成。其本质上是四氟乙烯(TFE)和不同全氟磺酸单体的共聚物，结构如图 4－2 所示。PFSA 离子聚合物中最著名的属杜邦(Dupont)公司生产的 Nafion 膜，该离子聚合物(Nafion)的化学结构如图 4－3 所示，采用全氟磺酰氟乙基与丙基、乙烯基醚(PSEPVE)共聚而成。除了杜邦公司外，如 Fumatech(Fumion)、Asahi Glass(Flemion)、Chlorine Engineers(“C”膜)、Asahi Chemical(Aciplex)公司也已将 PSA 离子聚合物作为商业产品进行了销售。陶氏化学戈尔已开发出由类似特氟龙(Teflon，聚四氟乙烯)和全氟磺酸组成的复合/增强膜，其中的 Teflon 可以给膜提供机械强度和结构的稳定性，而全氟磺酸可以导质子。

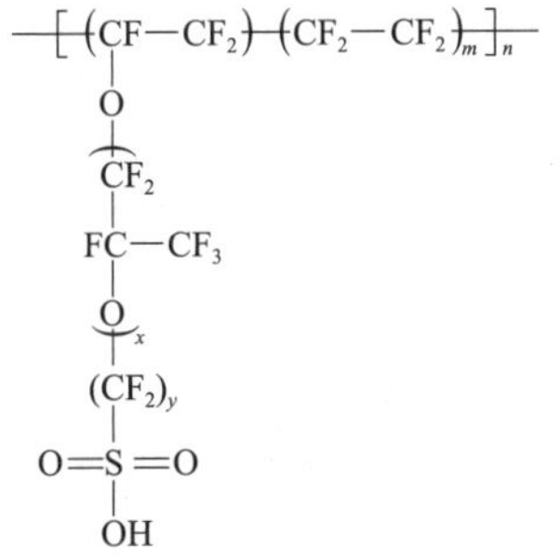

图 4－2　PFSA 离子聚合物结构示意

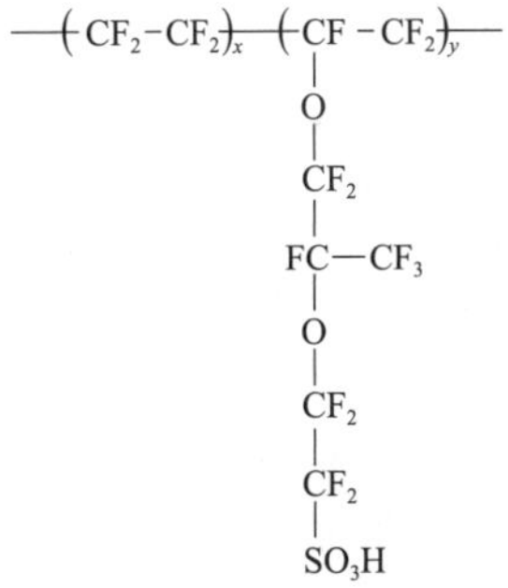

图 4－3　Nafion 结构示意

从图 4－3 可以看出，在侧链末端的 SO_3H 基实际上是一个 SO_3^- 和一个 H^+ 结合而成的离子键。由于离子的特性，侧链的末端倾向于在膜的整体结构中聚集。结构中的特氟龙类主链具有高度疏水性，而位于侧链末端的磺酸却具有高度亲水性。由于亲水和疏水结构分布的合理性，在含水环境中，PFSA 膜会形成以主链为主的疏水区和侧链离子交换基团的亲水簇。亲水簇可以嵌入疏水区中形成短而窄的纳米连接通道。随着含水量的增加，亲水簇的体积变大，连接通道间的距离减小，此时离子运输机理和结构运输机理(浓差扩散)同时作用，可以大大提高质子的电导率。因此，PFSA 膜在含水量高时具有优异的质子传导性。

Nafion 膜的摩尔质量(EW 值，Equivalent Weight)表示含 1mol 磺酸基团的聚合物的质量(g)，即实际上是膜中离子浓度的测度。通过调整结构式中 x 和 y 的值可以改变聚合物的 EW 值。一般情况下，EW 值越小，聚合物的电导越大，但是膜的机械强度就会越小。通常，Nafion 膜用字母 N 标记，后面的 3 ~4 位数字表示压制而成的膜的不同规格和厚度。前面两位数字表示除以 100 的当量，之后一位或两位表示膜的厚度，单位是 mill(1mill = 1/1000in = 0.0254mm)。Nafion 膜的厚度有 2mill、5mill、7mill 和 10mill(分别对应 50μm、127μm、178μm、254μm)。如 Nafion117 膜的当量为 1100，厚度为 7mill。膜当量的单位是 geq^{-1}，可以用下式表示：

$$EW = 100n + 446 \tag{4.1}$$

式中，n 为 PFSA 离子聚合物中四氟乙烯基的个数。

在实际燃料电池中 EW 值不能太大也不能太小。当 EW 值 > $1500geq^{-1}$ 的共聚物不具有足够的质子导电性，而 EW 值低于 $700geq^{-1}$ 的共聚物不具备足够的机械完整性。目前通过技术改进，通过末端基氟化已能得到化学稳定型离子聚合物。与以前的非稳定聚合物制成的膜相比，大大减少了氟化物离子的释放，提高了膜的化学耐久性。代表的稳定性膜有：通过分散铸造生产的 Nafion NR211 和 NR212 膜，膜的厚度分别为 1mill 和 2mill(25μm 和 50μm)，EW 值在 990 ~ $1050geq^{-1}$。表 4 –1 所示为 Nafion N115、N117、N1110 与 NR211、NR212 的特性对比。

另外，将全氟非离子化微孔介质与全氟离子交换树脂结合制备而成的复合膜，可以提高原膜的机械强度和尺寸稳定性。其中，美国 GoreAssociates 公司以多孔的聚四氟乙烯为基底，浸入 Nafion 树脂制备的复合膜不仅可以减少昂贵的全氟树脂用量，降低成本，还可以改善膜结构的稳定性。

表 4 –1 不同 Nafion 膜的特性对比

特性		膜的类型			
		N115，N117，N1110		NR211，NR212	
密度/(g/cm^3)		1.98		1.97	
拉伸模量/MPa	相对湿度 50%，23℃	249			
	水浸，23℃	114			
	水浸，100℃	64			
拉伸强度[1]/MPa	相对湿度 50%，23℃	43(N115)MD	32(N115)TD	23(NR211)MD	28(NR211)TD
				32(NR212)MD	32(NR212)TD
	水浸，23℃	34(N115)MD	26(N115)TD		
	水浸，100℃	25(N115)MD	24(N115)TD		
电导率		0.10		0.105@25℃ ~0.116@100℃	
离子交换量[2]/(meq/g)		0.91		0.95 ~1.01	
当量/geq^{-1}		1100		990 ~1050	
氢渗透[3]/[mL/(min·cm^2)]				(NR211) <0.020	(NR212) <0.010
含水量[4],%水		5		(5 ±3)%	
吸水[5],%水		38		(50 ±3)%	

续表

特性		膜的类型	
从相对湿度 50% 厚度增加/%	23℃到 23℃水浸	10	
	23～100℃水浸	14	
从相对湿度 50% 线性膨胀[6]，% 增加	23℃到 23℃水浸	10	10
	23～100℃水浸	15	15

注：1. MD：纵向方向，TD：横向方向。23℃，相对湿度 50%。2. 利用碱滴定法测量聚合物中磺酸的等效值并利用该测量结果计算膜的当量。3. 22℃，相对湿度 100% 及压力差为 344.7kPa 下测得氢渗透。4. 23℃，相对湿度为 50% 时膜的含水量。5. 从干膜到 100℃水中浸泡 1h 所吸收的水（单位为 kg）。6. MD 和 TD 值的平均值；对于 N 型膜 MD 膨胀略小于 TD，对于 NR 膜，两者接近。

PFSA 膜的质子导电性主要取决于其结构和含水量。含水量通常为每个磺酸基中存在的水分子个数，用以下公式表示：$\lambda = N(H_2O)/N(SO_3H)$。膜的最大含水量主要取决于膜平衡时水的状态。当水是液态时，Nafion 平衡膜中每个磺酸基大约需要 22 个水分子，而水是气态时每个磺酸基却只需要 14 个水分子。另外，从液相吸收的水取决于膜的预处理情况。有文献报道，105℃时膜完全干燥后吸收的水明显少于室温时干燥后所吸收的水，105℃时膜的含水量：$\lambda = 12 \sim 16$，而室温下含水量：$\lambda = 25$。从气相中吸收的水与燃料电池的工作状况有关，图 4－4 所示为水处于气相状态下 30℃质子导电膜的水活性与水吸收之间的关系。

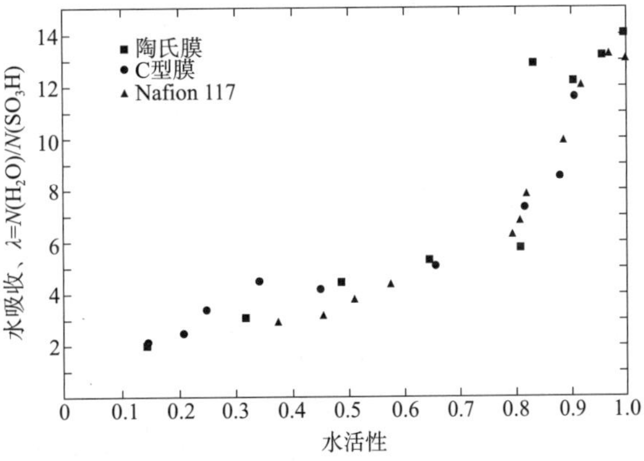

图 4－4　不同质子交换膜在 30℃时的水吸收与水活性的关系

$$\lambda = \frac{N(H_2O)}{N(SO_3H)} \tag{4.2}$$

从图 4－4 可以看出，在低蒸汽活动区域，$\alpha_{H_2O} = 0.15 \sim 0.75$，水吸收从 λ 低于 2 增加到 $\lambda = 5$，对应于膜内离子溶解而吸收的水；在高蒸汽活动区域，$\alpha_{H_2O} = 0.75 \sim 1.0$，水吸收从 $\lambda = 5$ 急剧增加到 $\lambda = 14.4$，对应于充满微孔和使聚合物膨胀的水。需要注意的是，完全饱和气相（$\alpha_{H_2O} = 1$）吸收的水明显低于液相时完全饱和（同样 $\alpha_{H_2O} = 1$）吸收的水，即 $\lambda = 22$。从气相和液相吸收的水之间存在差异的解释为：气相下吸收的聚合物与内部的冷凝水，大多位于强输水性的聚合物主链上，所以吸收的水要少于直接从液相中吸收的水。

在 30℃下，水的活性与 λ 的关系如下，此关系式在 80℃以下基本准确。λ 的取值一般在0～22。

$$\lambda=\begin{cases}0.043+17.18\alpha-39.85\alpha^2+36\alpha^3 & (0<\alpha\leqslant 1) \quad (4.3)\\ 14+1.4(\alpha-1) & (1<\alpha\leqslant 3) \quad (4.4)\end{cases}$$

式中，α_{H_2O}为水蒸气的活性。

若气体为理想气体，则可以用相对湿度代替水蒸气的活性，此时水蒸气的活性为p/p_{sat}，其中，p为水的分压，而p_{sat}为给定温度下水的饱和压力。

膜吸水会膨胀从而改变其尺寸，会严重影响燃料电池的设计和装配。由表4-1可知：尺寸改变约为10%，因此在电池设计和装配时应考虑这一点。

电导率是质子交换膜最重要的性能指标之一，其优劣直接决定着整个燃料电池的性能。室温下一个完全水合膜的质子电导率约为0.1S/cm，只比硫酸水溶液中质子迁移率低1个数量级。有文献报道，PFSA膜的电导率是含水量和温度的函数(见图4-5和图4-6)。当$\lambda\geqslant 5$时，膜中的水含量与质子电导率几乎呈线性关系。当$\lambda<5$时，由于吸收的水分很少，所以在磺化侧链末端周围的集群中没有足够的水，因而质子被隔离而不能传导。而对于在水中浸泡的膜，质子电导率随着温度的增加而增大，如图4-6所示。在80℃时电导率达到0.18S/cm。Springer等通过模拟和实验相结合的方法将离子电导率(σ，单位为S/cm)与水含量和温度相联系，并得出如下公式：

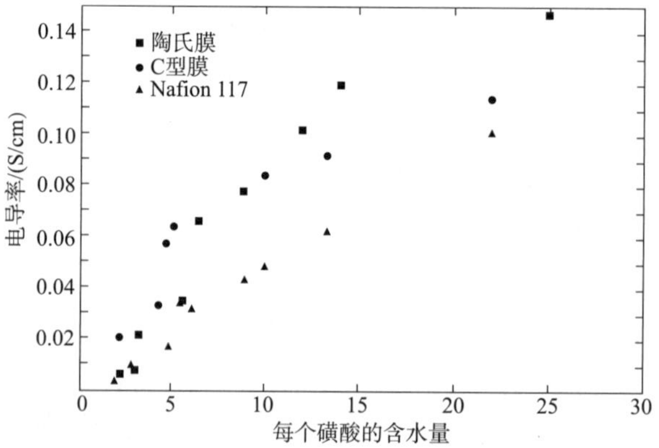

图4-5 不同质子交换膜在30℃时的电导率与含水量的关系

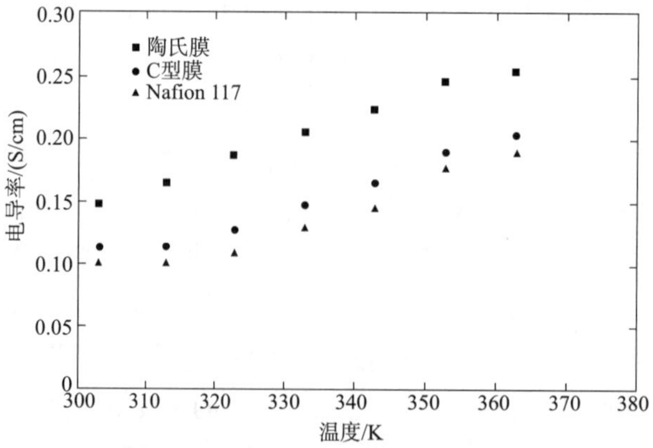

图4-6 浸在水中的不同质子交换膜随温度的升高电导率的变化

$$\sigma = (0.005139\lambda - 0.00326)\exp\left[1268\left(\frac{1}{303} - \frac{1}{T}\right)\right] \tag{4.5}$$

到目前为止，关于聚合物膜仍没有明确的导质子的机理。其中广泛被人们接受的传输机制主要有以下两种：质子跳跃机理(Proton hopping mechanism)和运载机制(Vehicular mechanism)。如图4-7所示，在质子跳跃机理中，质子的传输被认为是一个通过氢键的断裂和形成来传输质子化缺陷的过程。质子化缺陷弱化了分子间的相互作用，进而导致氢键的键长大幅变动甚至断裂与生成。在聚合物膜中，质子从一个水解的酸性位点(SO_3^{-1}，H_3O^+)传输到另一个位点形成新的酸性位点，周而复始，质子完成了在氢键网络中的移动。在运载机制中(如图4-8所示)，水分子充当质子的载体，水合离子的移动不是依靠氢键网络，而是与载体水分子的扩散密切相关。水合分子在浓度梯度和电势差的作用下，沿着膜内水通道扩散传输。

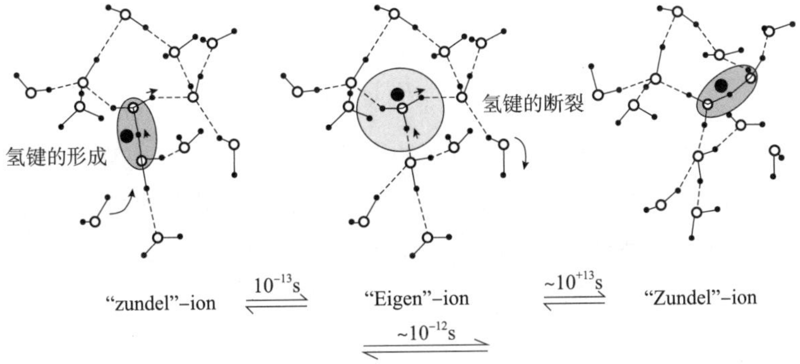

图4-7 聚合物膜中质子跳跃机理

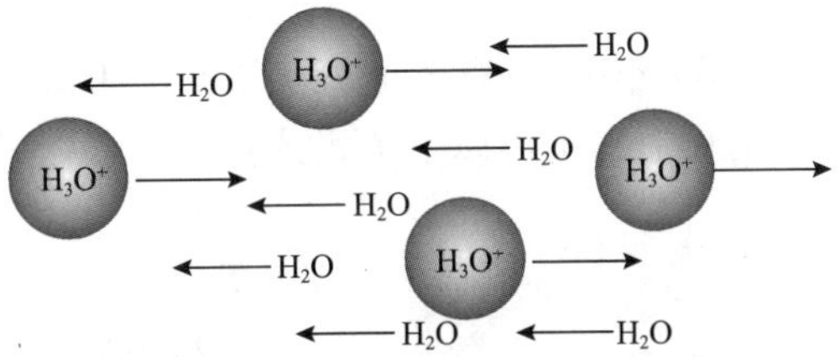

图4-8 聚合物膜中质子运载机理

由图4-8可知：在高水合条件下，水通道中心区域的水与自由水相一致时，主要通过浓度扩散传输质子，即运载机理，而中心水靠近高分子疏水界面的水通过氢键网络传输质子，因此两种传输机制同时作用。随着水含量的降低或者温度的降低，质子跳跃机理逐渐起主导作用，成为质子传输的主要机制。

聚合物膜中的H_2O在电池工作过程中不断传输。电池中电化学反应的结果会在阴极侧生成水。H_2O的生成率可以写成：

$$N_{H_2O,gen} = \frac{i}{2F} \tag{4.6}$$

式中，i为电流密度，A/cm^2；F为法拉第常数；$N_{H_2O,gen}$的单位为mol/(s·cm^2)。

电池反应中，质子通过电解质从阳极被传输到阴极，同时会拖拽一部分水分子到达阴极侧，这种水传输称为水的电渗迁移。因电渗迁移而产生的水传输量为：

$$N_{H_2O,drag}=\xi(\lambda)\frac{i}{F} \tag{4.7}$$

式中，ξ 为每个质子中的水分子个数，称为电渗迁移系数；$N_{H_2O,drag}$ 的单位为 $mol/(s\cdot cm^2)$。

一般来说，电渗迁移系数是膜水合程度（λ）的函数。Zawodzinski 等采用电流过膜并检测水的体积的方法测得充分水合且浸湿的 Nafion 1100 膜的电渗迁移系数为 2.5。在 $\lambda=11$ 时，测得迁移系数为 $0.9N(H_2O)/N(H^+)$，进而得到迁移系数与膜的水含量之间的如下线性关系：

$$\xi(\lambda)=\frac{2.5\lambda}{22} \tag{4.8}$$

富勒和纽曼基于不同水活性下膜两侧的电化学电位，得出电渗迁移系数为：

$$\xi(\lambda)=\frac{F\Delta\Phi}{\left(RT\lg\frac{\alpha_{H_2O,r}}{\alpha_{H_2O,l}}\right)} \tag{4.9}$$

式中，$\Delta\Phi$ 为测量电位；$\alpha_{H_2O,r}$ 为膜右侧的水活性；$\alpha_{H_2O,l}$ 为膜左侧的水活性。

电化学反应生成的 H_2O 和电渗迁移会在膜的两侧产生很大的浓度梯度。在此梯度作用下，一部分 H_2O 会从阴极扩散回到阳极。其中 H_2O 的扩散率为：

$$N_{H_2O,diff}=D(\lambda)\frac{\Delta c}{\Delta z} \tag{4.10}$$

式中，D 为水含量为 λ 的离子聚合物膜中水的扩散系数；$\frac{\Delta c}{\Delta z}$ 为经过膜沿 z 方向水的浓度梯度。

关于水的扩散系数（D），Motupally 等深入研究了水在 Nafion 膜中的传输特性，并将实验结果与文献中水扩散系数对比后，提出以下关系式：

$$D(\lambda)=3.1\times10^{-3}\lambda(e^{0.28\lambda}-1)\exp\left(\frac{-2436}{T}\right)\qquad 0<\lambda<3 \tag{4.11}$$

$$D(\lambda)=4.17\times10^{-4}\lambda(161e^{-\lambda}+1)\exp\left(\frac{-2436}{T}\right)\qquad 3\leqslant\lambda<17 \tag{4.12}$$

经分析上式过高估计了电渗迁移的反向扩散。Nguyen 和 Whife 提出了另一种以 H_2O 的活度为变量的关系式：

$$D_w=(0.0049+2.02\alpha-4.53\alpha^2+4.09\alpha^3)D^0\exp\left[2416\left(\frac{1}{303}-\frac{1}{T}\right)\right]\qquad \alpha\leqslant1 \tag{4.13}$$

$$D_w=[1.59+0.159(\alpha-1)]D^0\exp\left[2416\left(\frac{1}{303}-\frac{1}{T}\right)\right]\qquad \alpha>1 \tag{4.14}$$

通过实验测量出 $D^0=5.5\times10^{-7}cm^2/s$

除此之外，在阴极和阳极之间存在压差时，H_2O 也将从压力大的一侧渗透到压力小的一侧。渗透率可用式（4.15）表述：

$$N_{H_2O,hyd}=k_{hyd}(\lambda)\frac{\Delta P}{\Delta z} \tag{4.15}$$

式中，k_{hyd}为水含量为 λ 的液压渗透系数；$\frac{\Delta P}{\Delta z}$为经过膜沿 z 方向的压力梯度；$N_{H_2O,hyd}$ 的单位为 $mol/(s \cdot cm^2)$。

Büchi 等通过将多层 Nafion 膜组合在一起构成厚膜进行了膜电阻的研究，发现当膜厚度小于 120μm 时，膜电阻与电流密度无关，证明水的反向扩散足以抵消电渗迁移作用下的阳极干燥效应；而膜厚度大于 120μm 时，电阻随着膜厚度的增加而增大。通过测量各层的电阻，发现只有靠近阳极的那一层膜的电阻随电流密度的增加而增大，进一步说明电阻增大是由于靠近阳极处的反向水扩散不足以抵消电渗迁移而导致膜干燥的缘故。

在氢燃料电池中，由于阴阳极的反应物均为气体，因此从原理上来说，为防止反应物组分在电化学反应之前混合，作为分隔阴阳两极的聚合物膜应该对反应物组分不可渗透。然而，在实际燃料电池中，隔膜为多孔结构，膜含水及 H、O 等在水中溶解等因素造成一些气体可以渗透膜。

气体的渗透率可以用式(4.16)表示：

$$P_m = DS \tag{4.16}$$

式中，D 为扩散率，cm^2/s；S 为溶解度，$mol \cdot cm^{-3} \cdot Pa^{-1}$；$P_m$ 为渗透率，$mol \cdot cm/(cm^2 \cdot s \cdot Pa)$。而渗透率还有一个常用的单位 Barrer。

$$1Barrer = 10^{-10}\ cm^3 \cdot cm/(cm^2 \cdot s \cdot cmHG)$$

在 Nafion 膜中，II 的溶解度与温度无关，数值为 $S_{H_2} - 2.2 \times 10^{-10} mol \cdot cm^{-3} \cdot Pa^{-1}$，扩散率是温度的函数：

$$D_{H_2} = 0.0041 \exp\left(-\frac{2602}{T}\right) \tag{4.17}$$

氧的溶解度和扩散率均与温度有关，可以表示为：

$$S_{O_2} = 7.43 \times 10^{-12} \exp\left(\frac{666}{T}\right) \tag{4.18}$$

$$D_{O_2} = 0.0031 \exp\left(-\frac{2768}{T}\right) \tag{4.19}$$

[**例 1**] 计算在 25℃，1atm 下 H_2 通过 Nafion 117 膜的渗透率，单位换算成 Barrers 渗透率为多少？

解：25℃氢的扩散率为：

$$D_{H_2} = 0.0041 \exp\left(-\frac{2602}{298.15}\right) = 6.65 \times 10^{-7} (cm^2/s)$$

氢的渗透率等于扩散率和溶解度的乘积：

$$P_m = 6.65 \times 10^{-7} \times 2.2 \times 10^{-10} \approx 1.46 \times 10^{-16} [mol \cdot cm/(cm^2 \cdot s \cdot Pa)]$$

由理想气体状态方程可得任意气体的摩尔体积为：$V_m = \frac{RT}{P}$

式中，$R = 8.314J/(mol \cdot K)$ 为气体常数；$P = 101325Pa$ 为压力；$T = 298.15K$ 为温度。

因此，$V_m = \frac{(8.314 \times 298.15)}{101325} = 0.02446(m^3/mol) = 24460(cm^3/mol)$

在 25℃，1atm 下 H_2 通过 Nafion 117 膜的渗透率为：

$P_m = 1.46 \times 10^{-16} \times 24460 \times 1350 \approx 48.21 \times 10^{-10} [cm^3 \cdot cm/(cm^2 \cdot s \cdot cmHG)] = 48.21 (Barrer)$

除此之外，渗透速率也是气体渗透的一个重要参数，渗透速率的大小与面积成正比，与膜的厚度成反比。其表达式为：

$$N_{gas} = P_m \frac{PA}{d} \tag{4.20}$$

[**例 2**] 在 25℃，300kPa 下，H_2 通过 $100cm^2$ 的 Nafion117 膜的渗透速率是多少？

解： $N_{H_2} = 1.46 \times 10^{-16} \times \frac{(100 \times 300 \times 10^3)}{(178 \times 10^{-4})} \approx 2.46 \times 10^{-7} (mol/s)$

在低温下工作的 PEMFC 虽已商业化，但其在工作时会因为液态和气态水的存在而面临严重的水管理问题，因而需要复杂的流场设计，并且燃料需要不含或低杂质的高纯 H_2 才能减缓或避免催化剂中毒；在高电流密度时亦存在 O_2 传输受限等问题，因而高温 PEMFC 被广泛研究。然而，在 100℃以上工作时，PFSA 膜很难实现其在低温时的高电导率和高稳定性。

研究人员主要通过在 PFSA 膜制备过程中添加一些亲水性的添加剂，如氧化锆、氧化钛、氧化硅、无机杂多酸（磷钨酸等）和氧化石墨烯/离子液体等制备出耐高温的质子交换膜。也有的研究者对磺化碳氢膜进行改性制备出耐高温的 PEM，如磺化聚醚砜（酮）复合材料和磷酸掺杂的聚四苯醚（酮砜）等。这些改性膜在 120℃以内均表现出较高的质子电导率，高于 120℃后，则很难维持高的质子传导所需的水平衡。

相比而言，基于聚苯并咪唑（Polybenzimidazole，PBI）的膜更适于高温（100～250℃）无水条件下质子传导。该类膜通常以磷酸、硝酸、高氯酸等酸为质子供体掺杂到 PBI 膜中而制得。其中，磷酸（H_3PO_4，PA）掺杂的 PBI 膜是目前最先进的高温质子交换膜。该膜中质子通过跳跃的形式进行传递，在 160～200℃表现出优异的电导率和出色的热稳定性。然而，PA－PBI 膜在使用过程中易发生磷酸泄漏，且催化剂会因泄漏的 PA 而中毒。

4.1.2 催化剂层

氢燃料电池的催化剂层位于质子交换膜与扩散层之间，电化学反应主要在该上层发生，因此是燃料电池中的关键技术所在。参加电化学反应的组分主要有三种：电子、质子、气体，因此反应须发生在催化剂表明三种组分都能到达的位置。催化层一般由碳载体、催化剂、离聚物和孔隙四部分组成。最常用的催化层制备方式是将分散良好的浆液沉积到基底上，等溶液蒸发后，Pt 颗粒、碳载体与离聚物形成一个复杂的多孔结构，如图 4－9 所示，其中碳载体为 Pt 颗粒提供支撑，同时传导电子；离聚物膜为质子和反应物气体提供传导路径；孔隙为反应物和产物水的传输提供通路；Pt 颗粒作为催化电化学反应的催化位点。电化学反应发生在离聚物、孔隙和催化剂组成的三相交界（TPB）处（图 4－10），三相界面越多，反应越充分。催化层的传输与反应能力共同决定了电池性能的高低。

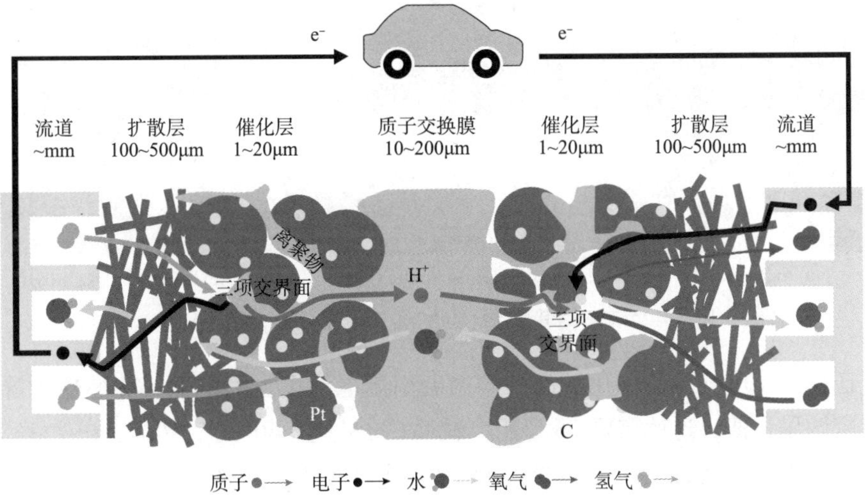

图4-9 膜电极内物质传输与电极反应示意

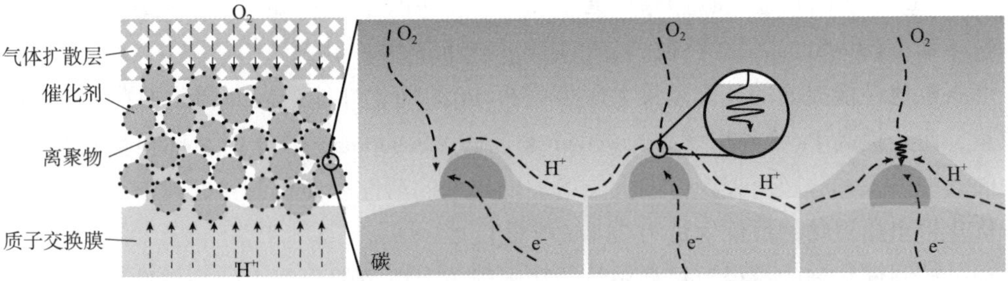

图4-10 催化层的阴极传输过程及“三相界面”结构示意

到目前为止，Pt仍然是氢质子交换膜燃料电池中氧还原和氢氧化反应的不可替代的催化剂。阳极氢气氧化反应的动力学很快，电流密度为1A/cm^2时过电位仅几十毫伏；而阴极的氧还原反应，即使在铂催化剂表面，反应的动力学仍然较缓慢，电流密度为1A/cm^2时过电位超过300mV，因此，燃料电池性能的提升主要受限于阴极侧的氧还原反应。为提高燃料电池性能，需要提高阴极一侧贵金属催化剂的用量，这是目前燃料电池成本高的主要原因之一。对于阴极催化剂，Pt由初期的大量使用逐渐向负载型发展，大大减少了用量。与铂黑相比，碳载铂催化剂中铂纳米粒子更小，表面原子比例更高；且分散在高比表面碳黑表面，铂纳米粒子之间的堆叠减小，表面原子利用率提高。因而负载型铂基催化剂成为商业化PEMFC的主流催化剂。主要的载体材料有Cabot公司的Vulcan XC-72、Black Pearls公司的BP2000、Ketjen Black国际公司或Chevron Shawinigan公司的碳黑。且合成的铂纳米粒子粒径随碳黑比表面积的增大而减小，如图4-11所示，采用Vulcan XC-72（242m^2/g）、Ketjen black EC 300J（780m^2/g）、Ketjen black EC600JD（1475m^2/g）为载体时，铂纳米粒子粒径分别为3.4nm、2.3nm、1.6nm。铂纳米粒子的比表面积随着粒径的减小而增大，而对应的膜电极性能也随之提高。

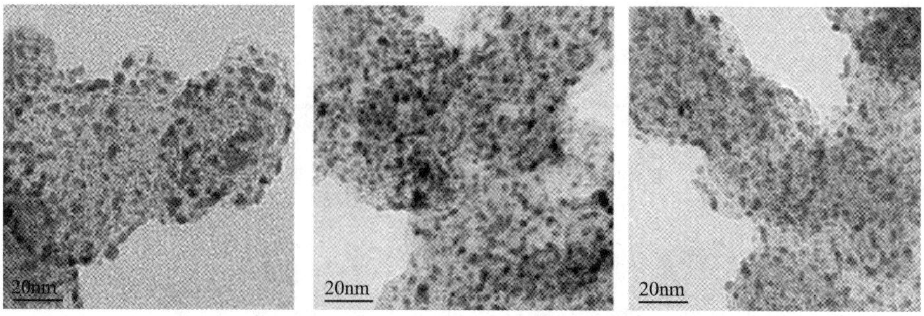

(a) Vulcan XC-72　　(b) Ketjen black EC 300J　　(c) Ketjen black EC 600JD

图 4-11　不同载体 Pt/C(60%，质量分数)的 TEM 图

质子迁移和反应气体向催化层深处渗透会引起电池电位的降低，为使这种降低最小，催化剂层应该尽量薄，这就需要 Pt/C 比率较高(质量比 >40%)。然而，Pt 粒径减小必然会引起金属比表面积增大，这又会导致 Pt 的负载量较小。另外，Ralph 等认为当 Pt/C 中 Pt 的载量超过 40% 时，催化剂的活性面积会显著减小，从而使其性能变差。当前，阴极催化剂 Pt/C 中 Pt 的载量(质量分数)通常在 50% ~70%，因而如何在高铂载量下仍保持铂纳米粒子细小(2 ~5nm)，且粒径和分布均匀是当前的一个挑战。

燃料电池性能提高的关键是最大限度发挥 Pt 的催化性能，因而最重要的不是增大 Pt 的载量，而是提高 Pt 的利用率。Zawodzinski、Qi、Sasikumar 等分别发现在催化层形成过程中向其中引入和分散离聚物可以大幅增加催化剂的活性表面积，并通过对燃料电池性能进行优化得出离聚物的最优含量为 28%(质量)。

通过控制催化剂的粒径，提高铂粒子在碳载体上以及催化层中的分散性，可以提高催化剂活性和 Pt 的利用率。然而，截至目前 Pt/C 仍然不能满足氢燃料电池对阴极催化剂性能和成本的要求，需进一步在提高催化剂的性能的同时降低贵金属的用量。研究发现，前过渡金属与 Pt 形成 Pt - M(M = Co，Ni，Fe，Cu 等)二元金属纳米粒子可以提高氧还原性能。引入的过渡金属可以通过电子和应力效应改变 Pt 的 d 带中心位置，进而改变 O_2 及其反应中间体(OH *、OOH * 等)在 Pt 上的吸附能，进而实现催化剂催化活性的调控。根据二元铂基纳米催化剂结构的不同可以分为合金催化剂、核壳结构催化剂、Pt 单层催化剂、特定形貌催化剂(如纳米框架)等。其中二元合金催化剂是发展较早、最为成熟的催化剂。在二元催化剂中，PtNi/C 和 PtCo/C 最有希望替代 Pt/C 催化剂。

制备 PtNi/C 和 PtCo/C 催化剂的方法有：浸渍法、胶体法、溶剂热法、微乳液法。其中胶体法操作较为简单，并可以通过改变溶剂体系实现对纳米粒子结构的调控，因而最有希望成为燃料电池催化剂规模化生产的技术。

载体的性质以及载体与纳米粒子的作用也影响催化剂的性能，因此对载体的调控也能有效调控催化剂的催化作用。金属有机框架(MOF)材料是指无机的金属中心与桥连的有机配体通过自组装相互连接，形成的一类具有周期性网络结构的晶态多孔材料，目前 MOF 材料在电催化中已得到了广泛的应用。MOF 在自组装过程中具有确定的结构，可用于制备结构明确的催化剂。在 MOF 形成过程中，用部分 Co^{2+} 或 Fe^{2+} 替代 Zn^{2+}，热解后可获得具有氧还原活性的 Co－N－C 或 Fe－N－C 结构。以此为载体搭载贵金属催化剂，可以实现贵金属催化剂－非贵金属催化剂的共同作用，提高催化剂活性。Liu 等报道了通过在 PtCo 合金纳米粒子表面形成 Pt 壳层及 CoN 包覆层来提高 PtCo 合金纳米粒子的稳定性方法，从而在超低铂载量条件下实现氧还原性能较大提升。阴极铂载量为 0.043mg/cm^2 时，膜电极性能达到 1W/cm^2，0.9V 时氧还原电流密度达到 1.77A/mg，文献中已报道的最高值。

将催化剂层附着于离聚物膜上的组合称为膜电极的装配，从原理上讲有两种方法装配膜电极(MEA)。第一种方法是将催化剂层沉积到多孔基底上，然后将碳纤维纸或纤维布等气体扩散层基底热压到膜上；第二种方法是直接将催化剂层沉积或喷涂到膜上，形成一个三层的 MEA，之后增加气体扩散层制成 MEA。目前已开发出喷涂、喷溅、涂绘、粘贴、电沉积、丝印、蒸镀以及浸渍还原等多种将催化层沉积到膜或基底上的方法，也已壮大了多家 MEA 制造商，如杜邦、Johnson Matthey、3M、BASF 等。

4.1.3 扩散层

氢燃料电池的气体扩散层(GDL)位于催化剂层和双极板之间的层，亦称电极基板、扩散器、集流器。GDL 不直接参与燃料电池中的电化学反应，但是承担水/气输运、热量传递、电子传导的载体，并在电池组装和运行过程中为其他组件提供支撑，具体功能如下：

(1)是反应气体从流场通道到催化剂层的路径，并使之进入反应区域；

(2)是从催化剂层产生的水排出到流场通道的通路；

(3)连接催化剂层与集电板连接，使得电子形成完整回路；

(4)传导催化剂层电化学反应产生的热到集电板；

(5)机械支撑 MEA，保护催化剂层和质子交换膜。

对应于上述功能，GDL 在结构上须包括以下特性：

(1)具有足够多的孔以保证反应气体和产物水顺畅通过；

(2)导电且传热，通常界面电阻或接触电阻不可忽视；

(3)催化层中的催化剂由颗粒组成，故催化层侧的扩散层中的孔须为微孔；

(4)足够的刚度和合适的柔性，以便支撑“薄弱”的 MEA 和保证电接触良好。

因此，GDL 须由支撑层(基底层)和微孔层两部分组成，以满足这些相互矛盾的要求。支撑层主要对 GDL 的整体结构起到支撑作用；而微孔层中有许多不同尺寸的孔来为水和气体的传输起到分配作用。支撑层经疏水处理后，在其上涂覆单层或多层微孔层，从而得到 GDL。其中，支撑层通常由各向异性的碳纤维纸或碳纤维布组成，直接与集电板相接触；而微孔层是由导电炭黑和疏水剂经溶剂混合均匀后，采用丝网印刷、喷涂或涂布方式涂覆到支撑层表面而成，其直接与催化层相接触。添加输水剂的目的是避免 GDL 浸水。在支撑层和催化剂之间添加微孔层可以实现水和气体的最佳分配，降低碳纸和催化层之间的接触电阻。

图 4－12 所示为两种典型的气体扩散介质(碳纤维纸和碳纤维布)。

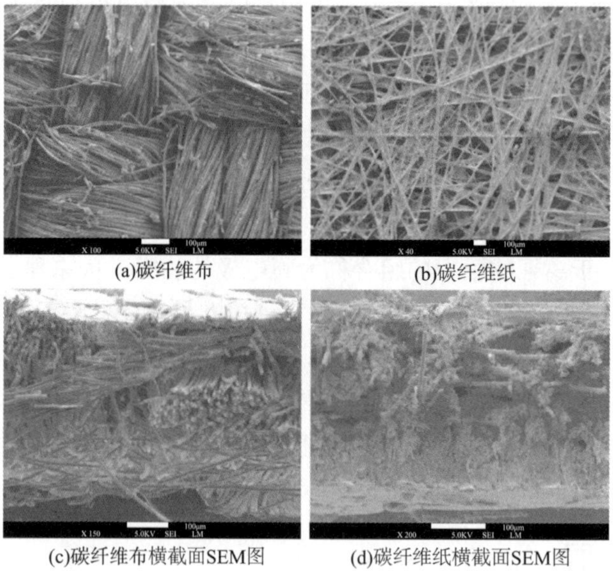

图 4－12　碳纤维布、碳纤维纸以及它们相对应的横截面的 SEM 图

相比之下，碳布比较柔软支撑强度不高，因而目前 GDL 的支撑层以碳纤维纸为主。根据制备原材料的不同，碳纤维可以分为三大类：聚丙烯腈(PAN)基碳纤维、沥青基碳纤维、黏胶基碳纤维，与其他两种碳纤维相比，PAN 基碳纤维具有更高的强度和导电性能，因而目前多选用 PAN 基碳纤维作为气体扩散层支撑层的原料。

微孔层主要由碳粉和 PTFE 组成，厚度一般在十几微米到几十微米，具有较多的微孔结构。这些微孔结构能对电池内部产生的水和气体起到很好的传输作用。图 4－13 所示为分别采用乙炔黑、黑珍珠粉 2000 以及两种碳黑混合后对 GDL 孔径及电池极化曲线性能的影响。可知：当乙炔黑含量为 80%(质量分数)、黑珍珠粉 2000 含量为 20%(质量分数)时能显著提高 GDL 气体和水的传输能力。

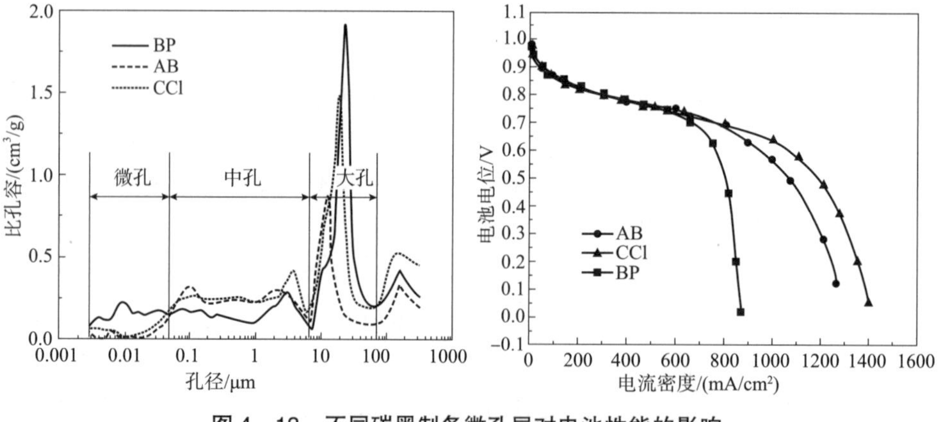

图 4－13　不同碳黑制备微孔层对电池性能的影响

（BP：黑珍珠粉 2000；AB：乙炔黑；CCl：乙炔黑质量分数为 80%、黑珍珠粉 2000 质量分数为 20%）

通常情况下，无论是阴极还是阳极的气体扩散介质都须经 PTFE 进行疏水处理。处理时大多是将扩散介质浸入到 PTFE 溶液中，然后进行干燥和烧结，从而使气体扩散介质上 PTFE 含量在 5% ~30%。

氟化乙烯丙烯也是一种优良的疏水材料。Lim 等采用氟化乙烯丙烯对碳纸进行了疏水化处理，如图 4 – 14 所示。可以看出，当氟化乙烯丙烯含量为 10%（质量分数）时，能够得到良好的电池性能。经分析笔者认为，氟化乙烯丙烯的加入会堵塞在催化层中的孔，因而含量越多堵塞现象越严重，进而影响电池中水的传输。另外，经测试氟化乙烯丙烯含量在 10% ~40%（质量分数）时 GDL 中水的接触角基本相同，因此得出含量为 10%（质量分数）时既能满足 GDL 疏水性的要求，又有利于电池内部水的去除。

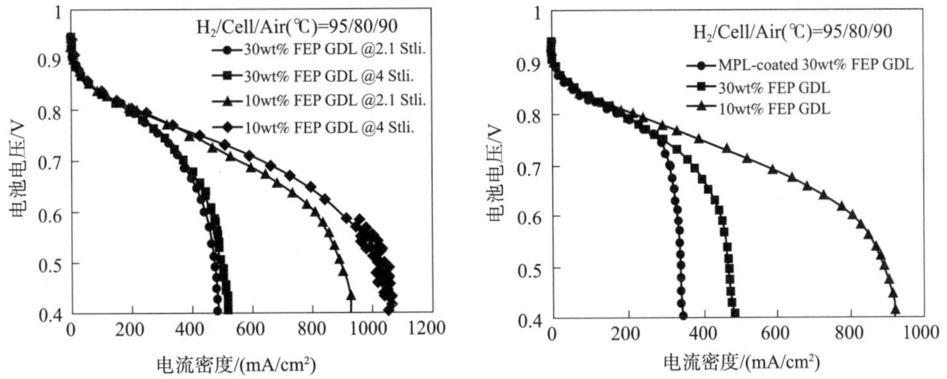

图 4 – 14 碳纸中氟化乙烯丙烯含量对电池极化曲线的影响

另外，催化剂层间的交界处也可利用涂层和微孔层来保证其电的良好接触和水的高效传输。此层是由混合 PTFE 粘接剂和碳颗粒组成，因而生成的孔在 0.1 ~0.5μm，远小于碳纤维纸中孔的尺寸（20 ~50pm）。图 4 – 15 所示为顶部具有微孔层的非编织气体扩散介质。较小的孔尺寸有助于改善与催化剂层的电接触和促进液态水从催化剂层阴极效传输到扩散层，因而产生的水滴非常小以至于不能堵塞和淹没气体扩散层。

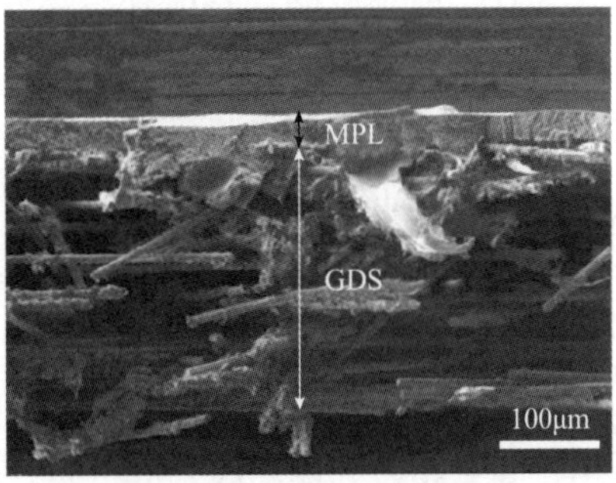

图 4 – 15 顶部具有微孔层的气体扩散介质

多孔气体扩散介质的孔隙度（ε）可根据单位面积的质量、厚度以及固相密度很容易计算得出。

$$\varepsilon = 1 - \frac{W_A}{\rho_{\text{real}}^{d}} \tag{4.21}$$

式中，W_A 为单位面积气体扩散介质的质量，g/cm²；ρ_{real} 为固相密度，对于碳材料，其值在 1.6 ~1.95g/cm³；d 为厚度。孔隙度的数值可以通过压汞法或者毛细管流动分析仪测量得到，一般在 70% ~80%。

GDL 的多孔结构使得其只与集电板的一部分接触，另一部分为开放的结构，允许反应气体的进入，因而进入 GDL 的电流通道桥接并重新分配。气体扩散材料在贯穿平面以及在平面中的电阻率都很重要。贯穿平面的电阻率(ρ_z)包括体电阻和接触电阻。Mathias 等测量了日本东丽公司的 TCP－H－060 贯穿平面的电阻率并验证了制造商提供的数据(0.08Ω·cm)。常用气体扩散介质的平面电阻率(ρ_{xy})通常通过四探针法测量，一般比贯穿平面电阻率低一个数量级。

原则上，扩散层越薄，越有利于传质和减小电阻，因此在燃料电池中尽量压缩气体扩散层的厚度。碳纤维纸和碳纤维布都是相对柔软且容易变形的材料。相比而言，布比纸更容易压缩，但是其支撑性比碳纸来说差得多。Hung 等使用长 6mm 的聚丙烯腈碳纤维作为原料，用聚丙烯酰胺和聚乙烯醇的混合溶液作黏结剂制备了厚度可达 48μm 的超薄碳纸，经测试其拉伸强度为 32～39N/cm，贯穿平面电阻(面积比电阻)为 2.5mΩ·cm^2。在电池电压为 0.6V 时，电流密度可达 0.815A/cm^2，经分析笔者认为，如此好的性能是超薄碳纸减少了水和气体的传输距离，从而导致物质的传输损失和欧姆损失均降低的缘故。

氢燃料电池多孔电极的传质能力决定反应气体能否高效传输至催化剂表面进行电化学反应，而电池的极限电流主要受制于电极的传质能力。因此，多孔扩散层内气体有效扩散系数的准确测定直接影响电极高效结构的设计和电池性能的提高。有效扩散系数受材料孔隙率和气体扩散系数的影响。多数情况下，气体扩散是相对于容积扩散的，这是由于孔直径比气体分子的平均自由路径要大几个数量级。然而，它并不能准确反映微孔内的气体扩散现象。努森(Knudsen)扩散普遍存在于孔直径与气体分子平均自由路径接近的微孔层中。因而，有效扩散系数的计算应在考虑孔径分布和努森效应。同时，有效扩散系数的计算也应考虑扩散阻力损失。扩散介质的沿程阻力可由格利(Gurley)数或达西(Darcy)系数给定。Gurley 数是指流体在特定压降下通过特定体积的扩散介质所需的时间。Darcy 系数在这里与压降有关，根据 Darcy 定律，容积流量与 Darcy 系数成正比：

$$Q = K_{\mathrm{D}} \frac{A}{\mu l} \Delta P \tag{4.22}$$

式中，Q 为容积流量，单位为 m^3/s；K_{D} 为 Darcy 系数，m^2；A 为与流动方向垂直的横截面积，m^2；μ 为气体黏度，kg/(m·s)；l 为扩散介质的厚度(扩散路径长度)，m；ΔP 为压降，Pa。

4.1.4 极板

在质子交换膜单电池中所使用的极板(阳极板和阴极板)，在燃料电池组中称为双极板，二者所使用的材料和发挥的作用一样，但极板要比双极板简单得多。

4.2 电池堆的结构与材料

对于燃料电池来说，单体输出的电压较低，电流密度较小，往往不能满足其应用领域的要求。为了提高电压和功率，通常将多个单电池串联在一起形成电池堆。电池堆中相邻单体之间用双极板隔开，即双极板将相邻的单电池串联起来，同时双极板可以为单电池提供水、汽的流路。这种电池堆(图4-16)结构构成了实际燃料电池系统的核心。

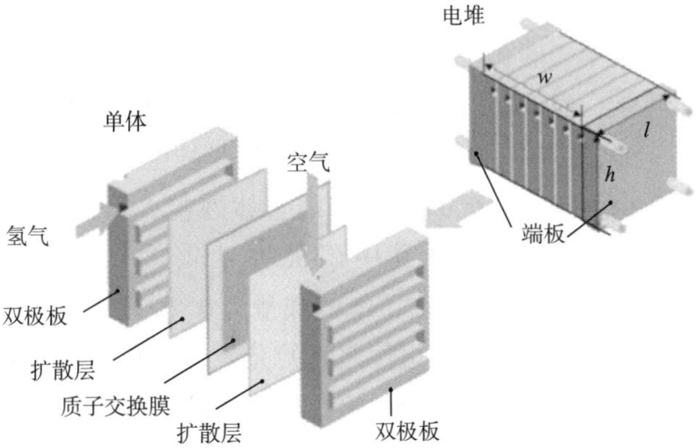

图4-16 氢燃料电池堆结构示意

在燃料电池堆运行过程中，每个单电池中均流过相同的电流。在催化层进行电化学反应后，电子流经电池组的固体部分，离子流经离聚物形成闭合回路进行工作。

4.2.1 电池堆

燃料电池堆主要由承压端板、绝缘板、集流板、双极板、膜电极、紧固件、密封圈7个部分组合而成。

其中端板主要是控制接触压力，因此要有足够的强度与刚度。足够大的强度可以保证在封装力作用下端板不发生破坏，足够大的刚度则可以使得端板更加合理地变形，均匀地传递封装载荷到密封层和MEA上。在理想状态下，端板应具备高的弹性模量和低密度，因此一般选用铝合金、钛合金以及工程塑料、聚乙烯等。

绝缘板位于集流板和端板之间。因目前燃料电池的工作电压为200~400V，为保证电堆使用的安全，良好的绝缘保护不可或缺，因而在集流板和端板之间加一绝缘板。绝缘板可以保证电堆使用中外壳绝缘，使电堆更加安全。绝缘板对燃料电池的功率输出并无贡献，因而为了提高功率密度，要求在保证绝缘电阻前提下最大限度地减少绝缘板厚度及质量。然而，减少绝缘板厚度在生产制造过程易产生穿孔而使绝缘性能降低。故绝缘板在选材上要求具有良好的绝缘性和不易穿孔性，材质可为硅胶等绝缘材料。

集流板是输送燃料电池的电能到外部负载的关键部件。因燃料电池堆的输出电流较大，故集流板都采用导电率较高的金属板作为燃料电池的集流板，金属板所采用的材料有Cu、Ni或镀金的金属等。

电池堆中的双极板(Bipolar Plate，BP)或称为流场板，与膜电极层叠装配成电池堆，双极板是电池堆的“骨架”，在燃料电池中起到收集电流、为冷却液提供通道、同时分隔氧化剂和还原剂等作用。双极板材料类型的确定应基于电池堆的实际使用性能(如耐久性等)。金属板相对较薄，因而体积功率密度更高，但是其耐久性相对差些，更适用于乘用车。石墨板较厚但是耐久性更高，可应用于有更大空间的商用车。在双极板设计中，厚度、流道深度、宽度、倾角、总体长度、脊的宽度、流场形状、压降是重点。双极板的具体特性和使用材料将在4.2.2节中详述。

膜电极(MEA)是发生电化学反应的场所，是质子交换膜氢燃料电池(PEMFC)的核心组件，其一般由质子交换膜、催化层与气体扩散层组成“三合一结构”。MEA的性能直接决定了氢燃料电池的性能，而MEA的性能主要由质子交换膜性能、扩散层结构、催化层材料、MEA本身的工艺所决定。目前，市售质子交换膜的厚度多为15～50μm，MEA的性能一般可达$1.2W/cm^2$@0.6V。为提高电池堆的整体性能，目前多采用增强型质子交换膜。催化剂主要以贵金属Pt为主，其中阳极为铂碳催化剂，Pt的载量为0.02～$0.4mg/cm^2$；阴极采用铂钴合金等催化剂，Pt的载量为0.2～$0.4mg/cm^2$。

紧固件的主要作用是维持电池堆各组件之间的充分接触和适当压力。为了维持压力的稳定以及防止密封圈的永久变形，在端板与绝缘板之间可以添加弹性元件。紧固件的组成根据封装形式的不同而有明显差异，如绑带紧固件由钢带、弹簧垫圈等组成；螺栓紧固件由螺杆、螺母及垫片组成。

密封圈的主要作用是保证电池堆内部的气体和液体正常、安全地流动，因此主要用于密封双极板的冷却液流道和双极板、膜电极之间的气体通道。密封圈的选择须考虑工况中的温湿度变化、腐蚀、气体渗漏、绝缘性以及吸收、冲击等性能。具体需要满足以下的要求：①较高的氢、氧阻隔性；②低饱和水蒸气透湿性；③高饱和水蒸气耐湿性；④合适的高分子薄膜耐热环境；⑤防止单体电池间短路的绝缘性；⑥为吸收振动和冲击的橡胶弹性体；⑦保证低离子析出率的耐冷却液。基于以上条件，密封圈可采用的材料有三元乙丙橡胶、氟橡胶、聚异丁烯和硅胶等。

基于燃料电池堆的结构及各部分的特点，对电池堆的设计应注意以下几点：①反应物在每个电池内部均匀分布；②每个电池内维持所需温度；③最小的电阻损耗；④气体无泄漏；⑤每个电池有足够的机械坚固性。

从端口到单电池的燃料和氧化剂的分配严格控制了电池堆的性能。电池堆的结构往往会影响反应物在不同单电池之间的分布。因而，在对电池堆结构进行设计时需考虑各燃料电池单体中的流量分配不均而采取必要的补救措施以减少由此导致的输出损失。各国学者对电池堆结构进行了大量研究，电池堆的基本结构有两种：U型和Z型，如图4－17所示。

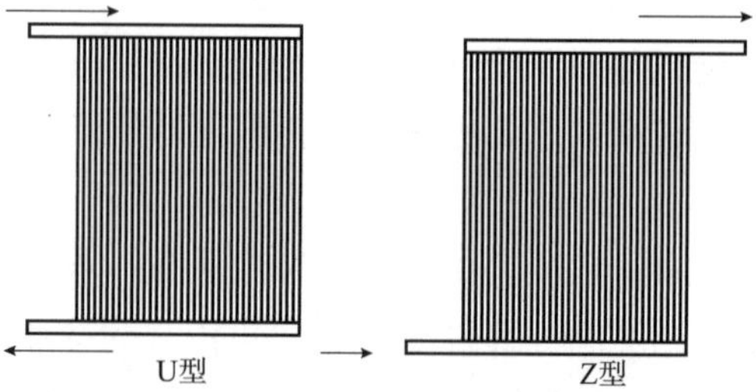

图4－17　U型和Z型的电池堆结构

Wang等通过离散的方法来评估流量的分布和压降的均匀性，比较了U型结构和Z型结构的区别，发现在多数情况下，小的ξ(通道流量的平均总压头损失系数)和大的M(所

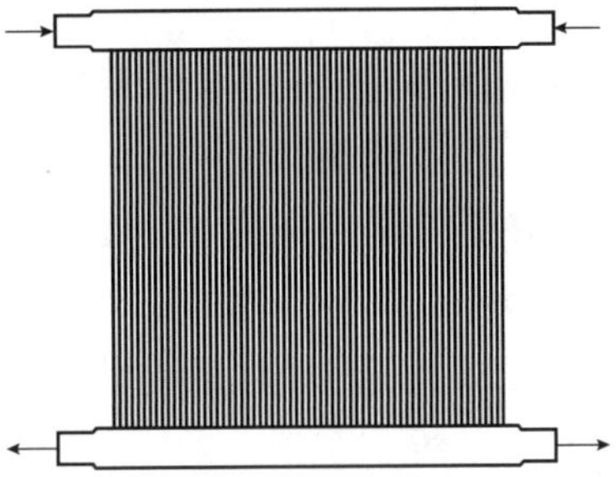
图 4－18 双进/出口结构电池堆结构

有通道面积之和与进气总管面积之比）导致U型的均匀性好于Z型。当M减小或ξ增大时，Z型对结构更敏感，并且能更快地实现流量的均匀分布。Lim等研究了由75个单电池组成的二维电池堆模型内部流体流动和组分化学计量比等变化，结果表明：双进/出口（图4－18）配置具有最佳的流量分布。Huang等采用CFD模拟的方法对U型结构和Z型结构进行了计算，结果表明：U型结构的电池堆中单电池的电压分布性更加一致和均匀。笔者还将实验与模拟结果进行了对比，从而对电池堆评估模型的有效性进行了验证。国内外研究表明，双进/出口配置具有最佳的流量分布，对于U型结构和Z型结构的电池堆来说，U型结构的电池堆具有更加均匀的流量，但在特殊流场下Z型结构的电池堆可能有更好的效果。

4.2.2 双极板

在燃料电池堆中，双极板是关键部件之一。一般情况下，双极板占电池堆总质量的80%以上，占总成本约30%，电池堆体积也基本上由双极板占据。

双极板在燃料电池堆中具有多个功能，主要有以下6项：

①隔绝阴阳极反应气体，避免发生渗透；②输送两极气体并保证其可以顺利进入电极；③及时排出产物以及热量；④在单电池之间传导电流；⑤支撑电池堆并夹紧其他组件；⑥耐酸腐蚀并保护其他组件。

根据双极板的功能，合适的双极板材料应具有以下性能：

①气体透过性足够低，不能渗透H_2和O_2；②易加工成设计的结构；③导热性良好；④导电性良好；⑤机械强度高；⑥在酸性介质中不易被腐蚀。

美国能源部给出了2020年和2025年电池堆双极板的性能指标，如表4－2所示。

表 4－2 DOE 2020 年和 2025 年电池堆双极板的特性指标

序号	性能	2020年指标	2025年指标
1	电导率/(S/cm)	100	>100
2	面积比电阻/($\Omega \cdot cm^2$)	0.01	<0.01
3	H_2渗透率/[$cm^3 \cdot cm/(s \cdot cm^2 \cdot Pa)$] @80℃，3atm 100% RH	1.3×10^{-14}	2×10^{-6}
4	导热系数/[W/(m·K)]	10	—
5	阴极腐蚀电流/($\mu A/cm^2$)	1	<1
6	寿命/h	5000	8000
7	质量功率密度/(kg/kW)	0.4	0.18
8	成本/(美元/kW)	3.0	2.0
9	抗弯曲强度/MPa	25	>40

(1)材料

根据所用材料的不同，双极板可以分为石墨双极板、金属双极板和复合石墨/金属板。

1)石墨双极板

石墨是最早用来作PEFC双极板的材料，其密度很低，具有极佳的耐腐蚀性和导电性，可以保证燃料电池的稳定运行。然而，石墨本身是多孔脆性材料，且强度较低，因而不能满足双极板气密性的要求。要使用石墨双极板，需要对其进行反复浸渍、碳化处理制成无孔石墨板。

无孔石墨板一般由碳粉在高温下石墨化制备而成的。这个过程需按照严格的升温程序进行，石墨化温度高达2500℃，故生产周期长、成本高。另外，高温石墨化过程中部分杂质的蒸发，会引起新的孔隙，表面孔隙率可在20%~30%。且石墨化后的双极板难以在其表面加工复杂的流畅结构，因而无孔石墨板的加工、生产成本都很高。

目前商业化应用的双极板，主要是石墨复合板。石墨复合板以高分子树脂等为基质，以石墨等为导电填料，通过注塑等方式制成的石墨复合双极板。导电填料起着导电与连接的作用，其占整个双极板体积的50%以上。导电填料中常被使用的有石墨、碳纤维、石墨箔和炭黑等。高分子树脂主要有热固性树脂和热塑性树脂两大类。相比于热塑性树脂，热固性树脂硬度较高，在燃料电池的工作温度下稳定性好、黏度低，因而在石墨复合板中使用较多。常见的热固性树脂有环氧树脂、乙烯基酯树脂和酚醛树脂。热塑性树脂的最高使用温度与其玻璃化温度(T_g)有关。热塑性树脂中聚丙烯常被用来制作双极板，其具有优秀的耐腐蚀性和抗冲击性，但因T_g较低而无法在高温燃料电池中使用。其他可用于燃料电池双极板的热塑性树脂有聚乙烯和聚偏二氟乙烯。在这些板中，含氟聚合物的板在燃料电池环境中具有非常优越的化学稳定性，但是其体积较大且相对易碎(高速自动电池堆组装过程中的问题)。石墨复合板既具有石墨板的优点，又具有高分子树脂的强度，改善了其加工性能，降低了气体透过率。然而，高分子树脂的加入会导致加工工艺复杂，成本提高。另外，聚合物的电阻较大，且石墨与树脂材料之间存在间隙容易导致燃料泄漏。

2)金属双极板

与石墨双极板相比，金属双极板具有良好的导电性、导热性能，易于加工性、较低的气体透过率和成本等优点而成为当今世界使用最为广泛的双极板之一。常用的金属材料有不锈钢、镍基合金、钛合金及铝合金等。这些金属在燃料电池的强酸或强碱环境中将会被腐蚀，溶解的金属离子会扩散到离子聚合物膜中，导致离子导电性降低，从而影响燃料电池的性能。另外，腐蚀层还会增大双极板的电阻。基于金属双极板存在的以上问题，人们常常在金属双极板上面覆盖一层非腐蚀性且导电的涂层来避免其在燃料电池环境中受到侵害。涂层材料可选择石墨、导电聚合物、有机自组装聚合物、贵金属、类金刚石的碳、金属碳化物、金属氮化物等。金属双极板可以制作得很薄，因而可使电池组更加紧凑和轻巧，适于批量生产。然而，保护层的存在使金属双极板的结构制备更加复杂。

3)复合石墨/金属板

复合石墨/金属板很好地结合了石墨板与金属板的特点，具有密度低、耐腐蚀性强、易于制造等优点，而且设计得当可以达到接触电阻非常小的效果，使电池堆达到更好的性能。然而，复合板因加工周期较长、长时间运行时可靠性较差等缺点限制了其应用。复合双极板可分为结构复合双极板和材料复合双极板。

(2)电阻特性

表4-3所示为金属双极板和复合双极板材的一些重要性能。可知：电导率或电阻率是燃料电池双极板的一个重要性能。电阻率包括双极板的体电阻率以及双极板与气体扩散层等界面的接触电阻。

表4-3　双极板材料的性能

材料		特性			
		密度/(g/cm^3)	体电导率/(S/cm)	热导率/[W/(m·K)]	热膨胀/(10^{-6}/K)
金属双极板材料	SS	7.92	14000	15	18.5
	Al	2.7	377000	223	24
	Ti	4.55	23000	17	8.5
	Ni	8.94	146000	60.7	13
复合双极板材料	石墨(POCO)	1.78	682	95	7.9
	BBP4(SGL)	1.97	200	20.5	3.2
	PPG86(SGL)	1.85	56	14	27
	BMC940(BMC)	1.82	100	19.2	30

双极板的体电阻率可以通过四探针法来测量。圆形薄板的电阻率可以通过式(4.23)得到：

$$\rho = \kappa \frac{U}{I}t \qquad (4.23)$$

式中，ρ为电阻率，$\Omega \cdot cm$；κ为校正因子，是D/S和t/S的函数，D为所测样品的直径，S为探针间距，t为样品的厚度；U为所测电压，V；I为所测样品上施加的电流，A；t为被测样品的厚度，cm。采用四探针法测量圆形薄板样品电阻率的实际系统如图4-19所示。

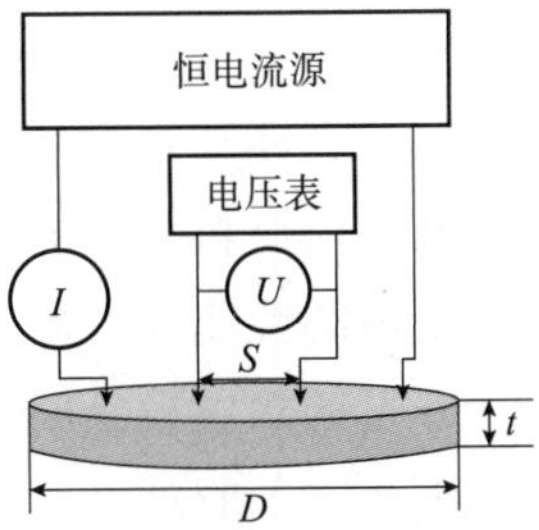

图4-19　四探针法测量样品电阻率示意

然而，与体电阻率相比，双极板与气体扩散层之间的接触电阻在实际燃料电池中引起的电压损耗更严重。

获得接触电阻最简单的方法是将一个双极板置于两个气体扩散层之间，然后用已知大小的电流流过该装置，通过测得的电压降而得，装置如图4-20所示。

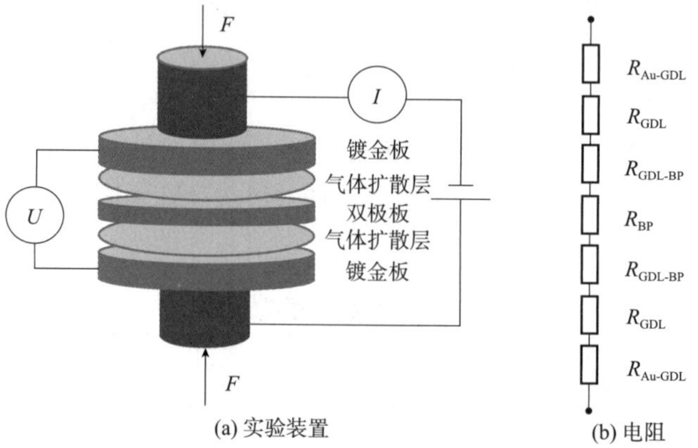

图 4－20 测量双极板与气体扩散层接触电阻的实验装置及各部分的电阻

装置中的总电压降是合模压力的函数。各部分可以看作是图 4－20(b) 中几个电阻的串联，即镀金板与气体扩散介质之间的接触电阻(R_{Au-GDL})，气体扩散介质的体电阻(R_{GDL})，气体扩散介质与双极板之间的接触电阻(R_{GDL-BP})，以及双极板的体电阻(R_{BP})的串联电阻，即：

$$R_{mes} = 2R_{Au-GDL} + 2R_{GDL} + 2R_{GDL-BP} + R_{BP} \tag{4.24}$$

其中，R_{GDL}和R_{BP}可以单独测量；镀金板与气体扩散介质之间的接触电阻可以通过测量两个镀金板与气体扩散介质之间的电阻来确定，即：

$$R'_{mes} = 2R_{Au-GDL} + R_{GDL} \tag{4.25}$$

则双极板与气体扩散介质之间的接触电阻可以通过式(4.26)计算：

$$R_{GDL-BP} = (R_{mes} - R'_{mes} - R_{GDL} - R_{BP})/2 \tag{4.26}$$

式中，双极板和气体扩散层的体电阻与合模压力是无关的，而接触电阻是合模压力的函数。

4.2.3 流场的设计

(1)常规流场及其缺点

极板作为氢燃料电池的重要部件，对气体分布和水传输具有重要的作用。双极板上流场的结构设计直接影响电池内部的传质，对燃料电池的输出功率，电流密度和电压的一致性等有显著影响，也直接决定了燃料电池的性能和寿命。因此，优化流场并提高其传质对燃料电池的性能越来越重要。至今已开发的双极板流场主要有点状流场、平行流场、交指流场以及蛇形流场等，其结构示意如图 4－21 所示。

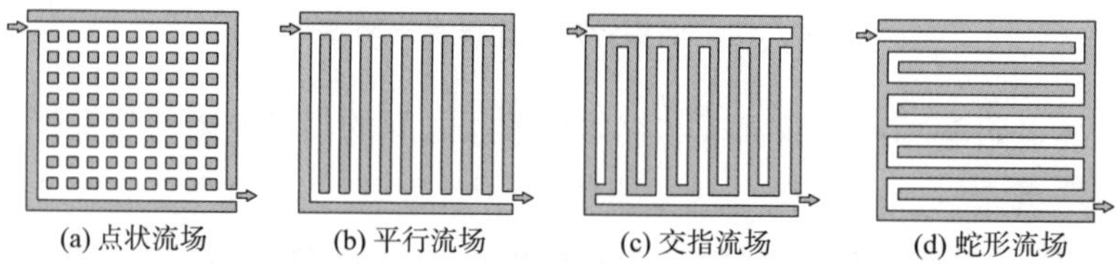

图 4－21 双极板流场结构示意

点状流场结构最简单且压降小，但是气体流过时易发生短路且分布不均匀易造成局部缺气，对水流过时散热性能也不佳。平行流场易于加工，压降小，电流分布均匀，但容易造成流场内流体分布不均匀且易产生低压区，导致水的聚集。然而，某一根流道的堵塞并不会对其他流道流体的传输造成影响。交指流场在改善电池温度分布、强化对流传质和提高极限电流密度方面很有优势，但由于流场不连续导致传质电阻较大，性能不是很稳定，且易造成水的阻塞或过热。蛇形流场内气体流速较高，生成的水能够快速排出，故可以避免水淹，又由于进出口距离较长，造成压差较大，因而易使反应气体产生肋下对流。由此可知，常规的流场在气液均匀分布、流体压降、排水及电池效率等方面都存在不同程度的缺点。

近年来，燃料电池技术发展迅猛，电池反应面积和功率密度有了实质性飞跃。在大电流密度下，这些常规的流场中反应物的供应量和水的生成量都会大幅增加，因而易造成反应物运输和液体水除去方面的问题，需要对流场进行进一步优化设计才能提升其传质能力，以匹配燃料电池其他技术的发展。

Wang 等研究表明，传输过程中组分的均匀性无法得到有效解决是电池在大型化过程中的主要障碍。平行流场、蛇形流场以及交叉流场都属于“沟脊式”结构。反应气体和生成的水在流道中传输时，电子在脊中传导，气体在流道中传输，脊的存在对气体传输起到一定阻挡作用，因而导致扩散层平面中的气体及反应速率不均匀分布。另外，脊下方的气体扩散层受到严重挤压，生成的水难以被吹扫至流道中，因而更容易在此处聚集，进一步增加了气体传输的阻力。因而需要对传统的流道进行改进，以满足高电流密度下反应物均匀分布和生成的水快速排出的要求。

经分析，良好的流场结构需具备以下特点：①反应气供应速率快。在传统的流场中，流场平面和气流方向是垂直于气体进入电极方向的，因而反应气体在流道中主要依赖于扩散传输并进入电极。在高电流密度下，会出现“气体饥饿”现象，影响电极的性能。②排水效率高。多孔扩散电极中的液态水在表面张力下往往会形成液滴，若不能及时除去，会阻碍反应气体进入多孔电极，从而使电化学反应速率受到影响。③气体分布均匀。电池中均匀的气体分布可有效避免由局部气体缺乏引起的如催化剂腐蚀、电化学反应速率不均匀、电池耐久性降低等问题，也可以避免低电化学反应速率区域中由低温冷凝引起的液态水含量增加以及由此而导致的电池性能和耐久性下降等问题。④压降低。这说明将反应气体推向反应表面的能量较低，从而对提高电池的整体效率是非常有利的。

近年来，双极板流场的研究主要集中在对常规流场结构的改进和开发新型流场方面，通过这些研究使氢燃料电池的性能得到了显著提升。

(2)对常规流场结构的改进

结构改进的主要目的是提高流场中气体分布的均匀性和水的排出效率。有文献报道，缩小流道出口处的流通面积，可以减小通道的深度，增加末端的气体流速，从而提高出口处的除水效率和反应物的扩散效果。Chen 等在研究阴极双极板流场时发现缩小交指流场出口通道的宽度，可以提高催化层和扩散层中的氧气浓度分布的均匀性和催化层电流密度的分布均匀度，同时也能提高生成水的排出能力。另外，将整段流道做渐缩处理，反应气体在锥形流道中会同时产生扩散和对流两种作用，可以提高流向扩散层和催化层的气体流量和流速，增强气体传质和除水能力，提高电池的电流密度和功率密度。Kumar 等设计制成了减缩的锥形流道，流道深度从 1mm 渐缩到 0.5mm，当以 0.5V 的电压加载到燃料电池上时，电流密度比蛇形流道提高了 15%。Yan 等研究了不同高度比和锥度比对燃料电池性能的影响，发现减缩的锥形流道可以迫使反应气体沿气体扩散层加速扩散到催化层，从而改善传热和传质。

在流道内增加堵块可以提高流体对流通量，使更多的气体有效进入气体扩散层，提高催化层上反应气体的浓度和局部电流密度，使极化曲线的传质受限区得到大幅改善。一般在常规流道内，主要依靠扩散进行传质，然而有堵块的地方，对流通量占主要地位。如果将速度矢量和浓度梯度之间的夹角定义为传质协同角，则传质协同角与对流传质强弱的关系应为：传质协同角越小，有效传质系数就越大，故传质能力就越强。减小传质协同角，提高传质能力的方法有：增加堵块的数量和加密堵块的排列。然而，堵块数量过多会阻碍气体的传输，使性能下降。需要注意的是，在氢燃料电池中氢的扩散系数比氧大得多，因而一般仅在阴极侧采用增加堵块的方法提高传质。尤其在高电流密度下，阴极侧流道中增加堵块能够使对流速度提高，增强传热，从而降低因高电流引起的高温，还可以加速水的蒸发，从而降低水的饱和度。

堵块的形状对流道的性能也有显著影响。按垂直于流道方向截面的不同可以分为三角形、圆柱形、正方形和梯形堵块。其中三角形截面的堵块压降最低，用于燃料电池中电流密度最高。Ghanbarian 等对矩形、圆形和梯形堵块进行了研究，发现梯形堵块的净功率密度提高最大。Wang 等将交错排列的梯形堵块流场与平行排列梯形堵块进行了对比，发现前者的最大净功率比后者提高了 2.54%。

进一步，人们在直流道的基础上增加了波浪形凸台，得到了波浪流道。其实质类似于减小间距的内置堵块，因而提高了传质效果。波浪形凸台在结构上的周期性使气体流向、流速和压力产生了周期性变化，提高了对流，增强了扩散层和催化层中的氧气传输，提升了气体利用率和电流密度。Li 等结合了波浪流道与蛇形流道的优点，设计出蛇形波浪流道，如图 4-22 所示。通过计算机模拟，得出蛇形波浪流道比蛇形流道在净功率密度上提高了 17.8%。

图 4-22　蛇形波浪流道结构示意

(3) 开发新型流场

除了上述流场外，近年来，人们还研发出三维网络流场结构并对其进行了大量研究。三维流场结构立体，气流三线交叉，空间效应显著。与常规流场相比，三维流场具有较强的气体传输能力，并能将催化层与扩散层中的水迅速导出并进行气液分离，降低了水积累对燃料电池性能的影响。另外，三维流场的交叉流动方式使反应气体在流场中的均匀分布得到了明显改善，同时使反应热的均匀分布得以实现，进而使燃料电池热管理问题得到了解决，燃料电池的输出性能得以提高。因而，三维流场结构是将来流场技术发展的主流方向。

多孔介质流场是三维流场中较重要的一种结构，其使用多孔介质直接作为流场或在常规流场中添加多孔介质使流场与催化层的接触面积增大，从而增加了气体在催化剂上反应的概率。尽管添加多孔介质后除水效率较之前有所降低，但结构中的孔道始终能够提供气体传输的通道，因而减少了水的堆积，降低了液态水饱和度，不易发生水淹，并且减少了传质阻力。在多孔介质流场中对流弱，因而耗氧量低，除水能力欠佳，膜易与水作用且电流密度均匀，故较适合低压力和湿度的氢燃料电池。另外，多孔介质流场还具有质量轻、能有效减小流场板与碳纸之间接触电阻的优点。Azarafza 等分别对蛇形、平行、交指、内置堵块及金属泡沫（图 4－23）流场进行了模拟，发现金属泡沫流场在高电流密度下，传质受限区域的性能最佳。其峰值功率密度比平行流场的功率密度增加了 50%。Carton 等对双通道蛇形流场与多孔碳泡沫流场进行了对比，发现后者的气体分布更均匀，水热管理能力更好，传质效果也较双通道蛇形流场好。

图 4－23　金属泡沫流场

三维流场中的另一种结构是具有梯度块结构的销形流场，如图 4－24 所示。该三维流场的梯度块形状包括正方形、菱形和六边形等多种类型。由于梯度块结构的分流和导流作用，提高了流场的传质能力。影响销形三维流场速度分布的锐角是由默里定律确定的。梯度块结构背面有两个速度顶点，具有提高传质和排水的作用。

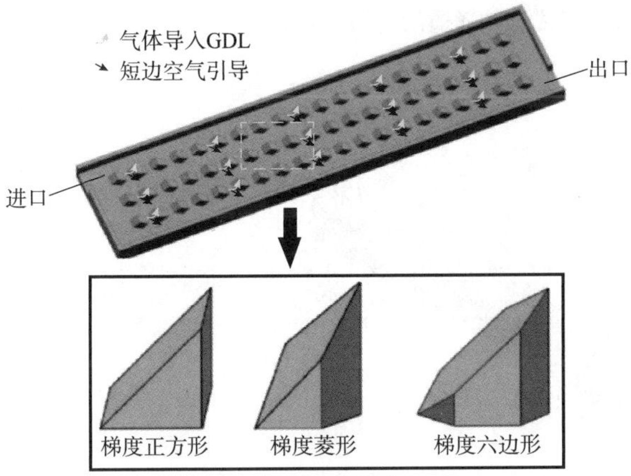

图 4－24　销形三维流场结构示意

进一步研究发现，单位长度内梯度块结构的排列密度、梯度块结构的倾斜角以及梯度块结构的高度均会对销形三维流场的性能造成影响。当梯度块结构的排列密度减小时，流场的流动面积不断增大，疏水性能逐渐提高。当梯度块结构的倾斜角减小时，三维流场的排水效率增大。当梯度块结构的高度增加时，流场的堵塞效果增加，其排水效率也相应提高，从而避免阴极被淹。Chen 等对销形三维流场中的气体流速和接触角对排水性能的影响进行了研究，发现当提高气体流速时，流场中水滴的生长速度会减小，排水效率增大；而接触角减小时，流场中液滴的体积会增大，造成排水效率降低。

除以上三维网络流场结构外，Fan 等还设计出多片式结构和集成式结构两种新型阴极流道，如图 4－25 所示。在这两种新型三维结构的流道中，添加了导气板或堵块来加强气体对流作用，提高了反应物进入扩散层乃至催化层的量；添加了导液板引导液态水远离扩散层，从而避免了阻塞反应物流动的通道。对比这两种新型结构的流道，发现集成式结构虽然制作稍复杂且压降更高，但是具有更好的传质和除水性能。综合考虑，集成式结构流道相较于多片式结构流道，其最大净功率密度提高了 2.8%。为解决阴极流场水淹等问题，Zhang 等设计出一种新型的三维精细化网格流场，如图 4－26 所示。与传统的平行流场相比，该新型流场能够有效增强气体反应物的传质能力和膜电极中生成物液态水的去除。

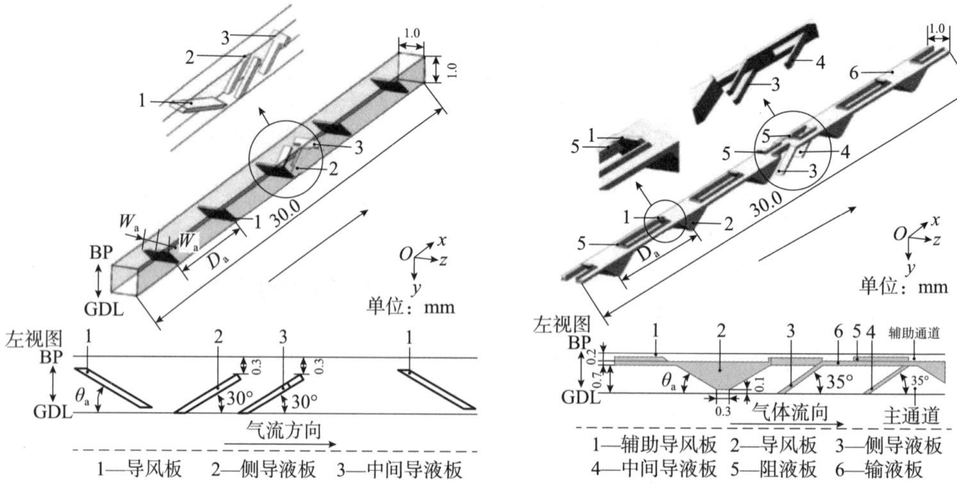

图 4－25 多片式结构和集成式结构通道的新型三维流场

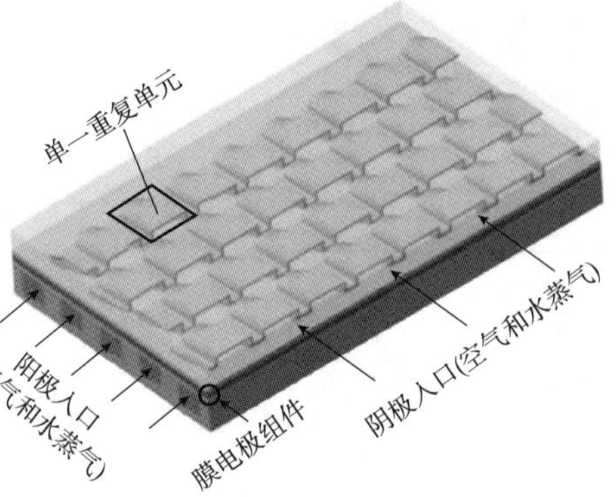

图 4－26 三维精细化网格流场示意

4.3 本章小结

作为高比功率和高比能量的电池，燃料电池具有很高的经济价值。燃料电池自 19 世纪一直没有停下发展的步伐。20 世纪七八十年代，全球进入能源危机和航天军备竞赛时代，这一时代大大推动了燃料电池的发展。之后，人类日益关注生存空间和环境保护，燃料电池工作可靠、结构紧凑、清洁高效、电化学反应有害产物少，因而得到了长足发展，核心部件和关键技术不断突破，更加完美的结构设计和重要材料持续创新，因而燃料电池具有广阔的商业化应用前景，被视作是最具发展前途的能源动力装置之一。

习题

1. 氢燃料电池的工作条件为：80℃，300kPa，当氢、氧两种气体完全饱和时，请计算 Nafion 115 和 Nafion 117 两种膜的离子电阻和氢渗透率。

2. 当 Nafion 膜完全水合时，其电导率为 0.1S/cm，试计算 Nafion 112 膜的电阻。

3. 请计算 70℃时氢的渗透性。

4. 在燃料电池组中如果 Nafion 膜在组装后是干燥的，请问此时的渗透率比湿的时候高还是低？

5. 一个具有 Nafion 膜的 $70cm^2$ 燃料电池的电阻测量值为 2.61mΩ，在 70℃工作温度时，反应气完全饱和，假定测量电阻中有 2/3 为质子电阻，请估算膜的厚度是多少？

第 5 章　燃料电池水热管理

5.1　质子交换膜燃料电池水热传输机制

PEMFC 在运行过程中内部是一个很复杂的体系，其中水热管理是燃料电池中非常富有挑战性的综合性工程问题。PEMFC 的水热管理影响电池内部反应气体的分布，而反应气体的分布又决定着电流的分布。若气体分布不均，会引起局部缺气而不能产生电流，严重时则引起反极，导致催化剂降解和电池性能衰减，对电池产生不可避免的伤害。因此，PEMFC 内部的水热管理是决定电池性能的关键因素。在理想状态下，反应气体应尽可能均匀地到达电极表面，保证电流密度分布均匀，增加电池运行平稳性，提高电池性能。

水管理对燃料电池性能影响至关重要。燃料电池在反应过程中会生成液态水，然而为了获得较高的电池性能，通常在运行过程中又需要对反应气体进行加湿，以保证质子交换膜得到合理的润湿，减少质子传导阻力，降低内阻。若反应气体加湿不足，会引起膜脱水电池性能变差；若加湿度过高，析出液态水，会增加电池排水负担。电池运行过程中，会产生水，并随尾气排出电池。若水不能及时排出，在电池内不断地累积将会产生"水淹"现象，堵塞流道，影响气体分配，堵塞气体扩散层，影响气体传输，覆盖在催化层反应区域，限制了反应气体与催化层接触反应。这些将会导致反应气体在电池堆中的每一个单片以及单片中不同的区域分配不均匀，使电池堆每个单片性能参差不齐，严重影响了整个电堆的性能。"水淹"严重甚至会引起反极，产生不可逆损害，大大减少电池的寿命。从本质上讲，燃料电池的水管理问题就是如何优化和平衡其反应过程生成的水含量和为了加湿气体通入燃料电池内部的水含量，从而使燃料电池内部加湿均匀的同时不产生局部水淹的现象。

热管理对燃料电池性能的影响同样非常重要。图 5－1 所示为典型的 PEMFC 电压和效率曲线，燃料电池在运行过程中会释放热量，在中低电流区域燃料电池的发热量低于燃料电池的发电量，即燃料电池发电效率大于 50%；而在高电流区域燃料电池的发热量会高于其发电量，即燃料电池发电效率小于 50%。这表明，当燃料电池工作在较高电流时，为了保持一定的工作温度，其散热需求会远高于低电流工作时的散热需求。如果燃料电池工作时的热量不能及时排出，其工作温度将会持续上升，而燃料电池的内部温度并不是由里到外均匀分布的，也就不可避免会出现局部单节电池或者电池内部局部区域超温现象。当温度升到一定程度时，质子交换膜会脱水进而导致电导率急剧降低，影响电池发电性能。更为严重的是，质子交换膜在高温环境的局部热点会导致穿孔，最终影响 PEMFC 电堆运行的安全性。

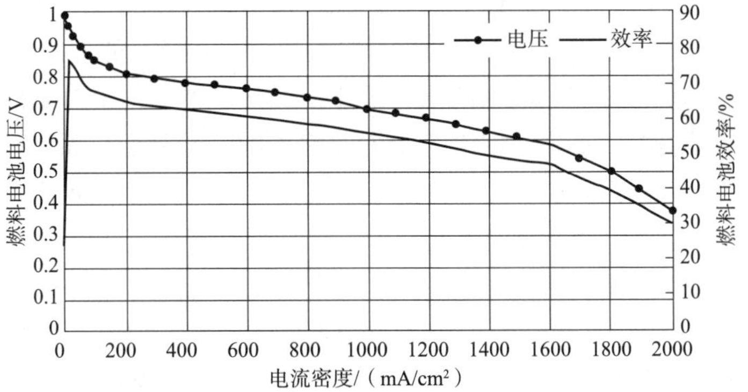

图5－1 典型 PEMFC 电压和效率曲线

5.2 质子交换膜燃料电池水管理研究现状

5.2.1 模拟分析

国内外学者对 PEMFC 内的水管理进行了大量的建模计算研究。模型从简单一维单相流模型到三维模型，研究对象包括膜电极中的各种结构对电池内水分布的影响。此外，对燃料电池内两相流和瞬态问题的研究也越来越多，因此对电池内水量分区域研究也成为一个新的趋势。越来越多的学者通过模拟计算研究水淹对电池性能的影响，或利用模型来预测电池内的水淹。迄今，为了准确地模拟液态水在燃料电池 GDL 中的分布和传输，研究人员提出了不同的仿真模型，主要分为两相流模型和多相流模型。Liu 等发表的综述中详细介绍了液态水在气体扩散介质中的传输过程，同时指出不管什么模型，其能否准确模拟液态水在电池内部的分布取决于液态水传输特性是否准确，如用于计算毛细作用和渗透作用的参数是否准确。近几年来，离散格子玻尔兹曼（lattice boltzmann）模型、全孔隙（full morphology）模型和多孔网络（pore－network）模型广泛应用于研究燃料电池内部液态水的生成、传递和分布。

Bernardi 和 Verbrugge 建立了一维等温数学模型，描述了各组分在气、液和固三相复杂网络中的传输机理，分析了制约燃料电池性能的因素。模拟结果表明：阴极中用于气体传递的体积必须超过 20%，否则会引起传质问题，将不可避免地导致非常低的电流密度。Nguyen 提出了二维 PEM 燃料电池水热管理模型，研究了气体加湿对电池性能和水管理的影响。结果表明：阳极透过膜侧扩散到阴极的水无法使膜充分加湿，使膜内阻增大。因此，为减小膜内阻，阴阳极气体均须加湿。李文安等提出了一个三维直流道 PEMFC 单体模型，计算了阳极气体在不同加湿条件下，电池阴阳极侧的水沿流道方向的分布情况，并得到不同工况下的电池极化曲线。结果表明：有效的阳极加湿能提高电池性能，但过高的阳极含水量会抑制阴极水的反扩散，从而使阴极含水量过多，甚至出现电极溢流现象。You 等认为形成两相流的初始电流密度和饱和水在阴极侧的分布系数取决于阴阳极侧的加湿温度、电池操作温度以及 GDL 的特性。水过量会造成阴极溢流，从而降低 O_2 传递速率，使电池性能变差。Qin 等利用 VOF 模型研究了流道亲疏水程度对水传输特性的影响，结果表明：利用疏水结构流道，液态水的表面接触角大于未经过处理的流道表面但小于膜电极表面，流道经疏水后可使电池内的水有效排出。徐城杰等对 PEMFC 内部水传递的数值进行了模拟，结果表明：水分浓度沿流动方向阳极侧不断降低，而阴极侧却不断升高，阴极流道末端易发生水淹；阴极扩散层中的液态水分布随电流大小而不同，低电流密度时从内到外逐渐减少，而高电流密度时则相反。

流道对电池的排水起至关重要的作用，已有大量文献对流道内水传输机理进行了数值计算。Fuller 等研究了气态水与液态水沿流道分布现象，Wang 等模拟了液态水和压力变化，Wilson 等研究了操作条件对流道内水的影响。同时，除了流道布局，流道尺寸和截面形状也会影响电池内排水和电池性能。Dutta 等用 Navier－Stocks 方程来模拟 PEMFC 中的三维流动，并考虑了流道宽度对速率分布的影响。结果表明：GDL 层能够使电流密度分布更加均匀；在 GDL 中，反应气体和水通过对流和扩散传质，即使 GDL 中空隙率低，对流传质的影响也不能忽略。Nguyen 等研究表明，使用交指流场时，气体流动和毛细力及蒸发时的剪切力是液态水从阴极除去的两种主要的传递机理。

5.2.2 实验研究

实验是研究电池内水分布的有效手段。更多的研究人员利用实验方法考察了燃料电池中的水管理问题，采用成像设备对电池进行监测是研究燃料电池内水分布的主要手段。实验中，可以通过观测设备对电池内的水分布进行监测，已知的监测手段包括直接可视化观测、中子成像技术、磁共振成像和 X 射线成像等。其中，被广泛使用的可视化技术是利用透明极板，使观测设备直接观测电池内水的分布情况。能够在线并实时、直观地观察到流道内的流动过程，有利于研究液态水流动规律，从而优化流场设计以及操作条件。该方法采用的常见设备包括数码摄像机和高速摄影机、红外摄像机和 CCD 摄像机等。

Gao 等采用共焦显微镜以及压力微传感器研究了水在不同类型 GDL 中的可视化实验。结果表明：尽管三种 GDL 的结构不完全相同，但是在疏水层和表面粗糙的亲水层，水在其内部的传递是不稳定的，类似于柱状流沿着孔路径传输。Lopez 等采用可视化技术，对两个透明流场(多通道蛇形流场以及瀑布形流场)的水管理进行对比研究。在多通道蛇形流场的末端比瀑布形流场末端形成的液态水多，并且当气体相对湿度(RH)为 100% 时，多通道蛇形流场会出现水淹现象。Kim 等在单电池的阳极和阴极都设置了透明的窗口，可以清楚地观察阳极和阴极的水淹情况。研究发现，采用单蛇形流道的电池在运行过程中阳极水淹比阴极水淹更加严重，气体流速慢是造成阳极水淹的主要原因。研究表明，PEMFC 在低电流密度下要比在高电流密度下更加容易发生水淹，因为在高电流密度时，反应能够产生更多的热量，阻止水淹；在低电流密度条件下，水淹通常开始于电池的燃料入口区域；在高电流密度条件下，水淹通常开始于电池的中部区域。研究还发现，在阳极和阴极流道转弯处容易形成水滴，这是因为转弯处的温度要低一些；阳极转弯处的水滴变成水团，但阴极转弯处的水滴没有形成水团，这种差异是阳极和阴极的气体流速不同造成的。电池运行过程中，电化学反应生成的水不能及时移出，会导致电池内水的聚集。若电池内发生由于水的聚集而产生的水淹，轻则使电池内电流分布不均，电池性能低下，重则引起反极，产生不可逆损害，大大缩短电池的寿命。Mocotéguy 等研究了 5 片闭口氢氧燃料电池堆的运行特性，发现电池性能在运行过程中出现了急剧下降，不到60s便接近0V，其主要原因是电池运行过程中产生的液态水不能及时排出，阻塞流道，造成活性区氧气的“饥饿”。Kim 等通过在电池尾部增设循环泵，使尾气在电堆内强制循环流动，利用产生的风力将液滴吹离流道。

不同流道结构和流道尺寸对液态水的传输也有很大影响。对于优化流场结构，流道对电池的排水起至关重要的作用，常规流场形式有平行直流道、交织型流道和蛇形流道。在常规平行直流道中，气体在流道与 GDL 之间流动，扩散系数成为气体至催化层参加反应的主导因素。因此，液态水的积累与电池性能及反应气体的传输性能有关。研究表明，常规平行直流道设计容易导致电池内气体分配不均以及催化剂的水淹。因此，该流场结构仅适合于气体流速较高、压降较小的场合。采用长的蛇形流道以及合理的岸宽、槽宽和槽深设计有利于排除产生的液态水。单蛇形流道能够有效去除 PEMFC 中的液态水，但是单蛇形流道中的压降比较大；相比之下，平行流道的压降比较小，但容易被液态水阻塞通道。在多蛇形流道中，压降比前两者的要小，且液态水的移除比在平行流道中要容易。

Xu 等在传统蛇形流道上进行了修改，设计出一种新型蛇形流场，有效地提高了阴极排水以及阴极传质。另外，在阴极流道内掺入亲水的吸水毛细管材料也可以有效地解决堵水问题。Ge 等在阴极蛇形流道中掺入了吸水的毛细管材料用来排除液态水，通过这种方法可以实现在高电流密度($1.2A/cm^2$)下电池不堵水。此外，UTC 燃料电池阴极侧采用多孔极板作为水传输板，该板需具合适的孔径以及具有亲水性，在板的表面形成致密的不能通过气体的水膜，阴极产生的液态水通过压差作用进入双极板中间的水道，从而起到解决堵水的作用。然而，这需要气体侧压力大于水侧压力，否则水从水道进入气道将增加堵水的严重性。Liu 等和 Soong 等通过对流道内增加凸台等结构，研究了电池内排水及电池性能。结果表明：气体传输及电池性能因为电池内凸台的作用均呈显著增长趋势，特别是在低电压的操作条件下。Jiao 等通过横向安装一个矩形筒轴流管道，对电池性能进行了研究，结果表明：改进流道不仅能有效增强局部电池性能，还能增加电池的排水性能。

Nguyen 提出了一种交织型流场，该流场能够解决电池内水淹的发生。交织型流场中，由于每个流道出口或进口是闭口条件，因此，气体进入流道后，在压力作用下反应气体被强制通过 GDL 到达出口流场，最后排出电池。在此过程中，电池内生成的水同时被带走。该流场要求进口气体压力较大，这使电池系统的寄生功耗上升，同时，由于气体压力的提升，电池内膜电极的机械强度将会下降。单蛇形或者多蛇形流道由于其较高的电池性能，在流场设计中被广泛使用。在蛇形流道中，由于流道截面积较小，单个流道长度较长，在流场中不可避免地形成拐角，这导致相邻两个流道间压力差较大，此时气体也发生强制扩散。该流道进口气体压力较大，也会产生较大的寄生功耗，同时，该流场由于气体流速较高，膜在进口处容易发生脱水，而在电池出口处形成水淹。陈士忠认为阴阳极均为交织型流场电池输出特性最好，阴极流场对水管理的影响最大，阴极过量液态水的迅速排出对提高电池的输出特性有着积极的作用。

在优化操作条件方面，通过控制操作条件来解决堵水问题是最常用的方法，包括：采用大的阴极过量系数，通过蒸发和对流将产生的水带走；阴极定期采用瞬时大气流将产生的水吹走；提高电池堆工作温度，在运行过程中晃动电池堆促进排水等。这些方式虽然常用，但会不可避免地造成额外的能量损失以及气体损失等。PEMFC 操作条件包括进气湿度、电池温度、工作电流密度、背压、气体流量等。对操作条件的合理优化，可以有效地对电池内的水进行管理。研究人员对 PEMFC 流道内水淹进行了研究，结果表明：电池阴极的水淹区域要大于阳极，这是因为水主要在阴极生成。提高电池阴极侧反应气体流量不仅能强化电池水管理能力，还能提高电池性能。该研究还表明，在微重力环境中，液态水在气体推动力的作用下更容易排出电池，从而减小了反应气体流向催化层的传质阻力，提高了电池性能。裴后昌等研究了反应气体低流速下质子交换膜燃料电池内液滴自身重力对电池性能的影响，结果表明：自身重力有利于液滴脱离气体扩散层，使液态水有效排出电池堆。电池水平放置阴极向下时，液滴重力与其脱离气体扩散层方向一致，电池性能最佳；电池竖直放置时，液滴重力与气体将其吹扫出电池方向一致，其向外排水能力最强。通过分析得出，合理利用液滴重力可以防止水淹。

Ballard 公司的 Wilkinson 等最早提出通过阳极排水来控制阴极堵水，由于膜两侧存在水浓度梯度，阴极不断累积的水会向水浓度较低的阳极侧迁移，并通过阳极尾气排出电堆。阳极排水还可以通过阴、阳极不同的压差，将阴极的水驱赶到阳极来实现，但是这种方法需要较高的操作压力，阴、阳极不同的压差也很容易引起膜破裂。Anderson 等在阳极通入大量系数的干气体，将阴极扩散到阳极的水带走，通过这种方法，阴极扩散层中的饱和液态水可在阳极排出，缓解堵水问题。

在从材料上解决电池中的水传输问题方面，主要通过改变扩散层（GDL）的材料属性和结构，以及在有水的情况下实现阴极催化层（CCL）功能化来解决堵水问题。为避免 GDL 孔隙堵水，通常在扩散层内添加疏水材料（PTFE）形成疏水表面，使液态水能更好地排出。此外，在扩散层和催化层之间添加疏水的微孔层（MPL）可将催化层产生的水吸收并转移到气体扩散层然后排出电堆，微孔层还可以协助反应气体在催化层表面均匀分配，提高电流密度分布均匀性。Oh 等在阴极催化层中添加了疏水的混合黏结剂 P（VdF－co－HFP）共聚物，使阴极催化层有更好的疏水性，有效抑制了阴极堵水并提高了 O_2 的传质。在有水的情况下实现 CCL 功能化方面，可以通过改变催化层的微观结构来实现，美国 Kansas 大学研制了一种微观结构的催化层，可以在高液态水环境下工作。该催化层结构分别给气体和液态水提供不同的通道，将气体和水分别送入和排出催化层达到在有水的环境下实现 CCL 功能化，且不影响电子和质子传导。Ho 等研究了亲水性的阳极催化剂对燃料电池性能的影响，结果表明：阳极催化剂添加亲水 SiO_2 粒子后，电池内的水管和电池性能得到了增强。Kim 等在阴极侧内通入少量的 H_2，H_2 与 O_2 在阴极催化层内发生反应，反应产生的热量使液态水蒸发，催化层表面水蒸气浓度比气体流道高，水蒸气将会从催化层表面扩散到流道。此外，反应的蒸汽热膨胀力会将残余的水从扩散层驱赶到流道，来实现减轻阴极堵水的目的。

PEM 燃料电池操作条件包括进气湿度、电池温度、工作电流密度、背压、气体流量等，对操作条件的合理优化，可以有效地对电池内的水进行管理。最优操作条件的水管理方法与电池内的膜电池组件有关。操作条件对电池内的水平衡和电池性能的影响通过模拟可得，同时也可以用大量实验对 MEA 和 GDL 进行定量优化。其中，影响燃料电池内部水生成和传输过程的一个重要操作条件是湿度。为提高燃料电池的输出功率，通常对电池反应气体进行预增湿，目前常用的加湿方法有外部加湿法、内部加湿法、自增湿法、膜加湿法等。外部加湿法是在反应气体通入电池前，将气体通入加湿器，对其进行加湿。通常加湿器对气体加湿时，温度要高于燃料电池运行温度，以保证气体充分加湿后进入电池堆。内部加湿法中，一种方法是在电池内设计专门的储水结构，利用膜的渗透对反应气体加湿。其中，水和加湿气体分别在膜的两侧，因此膜中水的渗透性对反应气体的加湿充分与否起重要作用；同时，膜要阻止反应气体的渗透，以免发生气体泄漏。另一种方法是将气体通入多孔碳板内部，在多孔碳板内部设计有加湿水容器，水通过多孔的孔隙对反应气体进行加湿。内部加湿法的优点是使加湿器与电池合为一体，简化了系统，但是这也增大了电池堆的体积，限制了电池的应用。

近年来，自增湿成为研究的热点之一。自增湿法是利用特殊自增湿材料或者设计燃料电池堆结构，满足自增湿。利用材料进行自增湿，一种方法是采用自加湿膜，在膜中加入纳米级别的 Pt 颗粒，电池运行时，膜中渗透的 H_2 与 O_2 通过催化剂的作用反应生成水，利用生成的水即可达到对膜加湿的目的。此种方法结构简单，大大简化了燃料电池结构，但是利用膜的渗透性，容易导致氢氧互串，发生危险，特别是在反应气体压力比较大的场合。另 ·种方法是用逆流燃料电池结构，使 H_2 和 O_2 流向相反。燃料电池运行时，干燥的 H_2 与加湿后的空气分别从电池的两端进入，此时，电池内阳极气体侧处于干燥状态，阴阳极之间就产生了较大的水浓度差，由于较大浓度梯度的作用，水从电池的阴极流向阳极，达到加湿的目的；相应地，干燥的空气与加湿后的 H_2 分别从电池的两端进入，膜内的水会由阳极向阴极移动。这种加湿方法不需要外部设备参与，仅对燃料电池进气结构进行改造，但是，该方法仅适用于工作电流密度较小的场合。膜加湿法是通过结构设计，在膜中形成大量水通道，利用外部压力设备对膜进行加湿。膜加湿法的优点是其加湿度可控，且湿度控制灵活，但是，此种加湿方法会导致膜结构变得十分复杂。

Jung 等提出了一种利用引射装置对反应气体加湿的增湿系统。该系统由引射装置、双焓混合器以及水管理装置组成。系统增湿性能由水的温度和气体流量决定，进口气体温度同时受加湿度和系统反馈时间控制。Nguyen 等研究了直接注水式加湿系统和交织型流道设计在保证反应气体加湿度方面的作用，结果表明：交织型流场可以减轻质量传递过程中电化学反应而导致的水淹。Hyun 等研究了一种外部加湿方法，在该加湿实验中，反应气体的湿度与温度通过露点温度测试仪器得到。采用 E－tek 公司膜电极，膜为 Nafion 115，实验测试了反应气体加湿与电池性能之间的关系。结果表明：当 H_2 相对湿度低于 O_2 相对湿度的 10% ~15% 时，电池性能最佳。Rajalakshmi 等研究了传统外部喷淋加湿方法在不同操作条件下对电池运行特性的影响。对千瓦级电池堆，笔者也研究了对一定压降气体，达到其理论相对湿度时增湿条件的参数。

内部加湿要求膜电极采用新工艺及流场结构来满足电池自增湿。Lee 等制作了 Pt－

zirconium phosphate - Nafion 复合膜，应用于自增湿质子交换膜燃料电池中。穿透膜内的 H_2 与 O_2 在此催化剂的作用下生成水，对膜增湿。Lee 研究了 Pt 的尺寸以及其在膜中的分布对电池自增湿效果的影响。Büchi 等提出了燃料电池内部加湿模型，该模型中反应气体为 H_2 与空气，研究发现，电池温度为 70℃以上时，通入电池阴极中的干空气可被电化学反应生成的水完全加湿。对此模型，Büchi 等通过 1800h 实验，验证了在 60℃以上时此结论的准确性，但是此时电池在 0.6V 时电流密度要低于气体完全加湿时的 20% ~40%。同时，在运行中水对阳极的反渗透十分明显。Ge 等利用吸水海绵，吸收电池内液态水，对进口空气进行加湿。此外，他们利用薄膜，采用干湿气体对向流动的方式，使水从阴极到阳极侧的反扩散加强，从而达到对阳极气体加湿的目的。

若反应气体不加湿，燃料电池在运行时，进口处气体比较干燥，随着电池内电化学反应的进行，电池内反应气体在出口处具有一定的湿度。Tatsuya 通过设计电池，利用电池内冷却剂与反应气体之间的热交换，形成一定的温度梯度，使反应气体从高温处升至低温处，该过程中所带水蒸气到达出口并凝结，在重力的作用下，液滴回到气体入口处，液态水再次蒸发，周而复始达到给气体增湿的目的，实现了燃料电池的自增湿。

此外，还有其他加湿方法应用于燃料电池，如采用液态水直接加湿反应气体和利用极薄膜使水渗透达到对气体加湿的目的。前一种方法是直接将液态水注入电池管道内，水在进入电池堆前以雾态形式存在，经过电池堆加热，相变为水蒸气。该方法适用于电池功率在千瓦级别以上的电池。采用极薄膜方法依靠水从阴极向阳极渗透进行加湿。此方法对膜的强度要求比较高，但由于膜的厚度较小，容易发生膜破裂，因此应用不是太广泛。总体说来，以上加湿方法均有应用，且各有其优缺点，但具有广泛适用性的更好的加湿方法仍然有待研究。

5.3 质子交换膜燃料电池热分布研究现状

燃料电池在运行时将生成水，同时会放出大量的热。电化学反应生成的水若不能及时移出电池，将导致电池内积水。轻微积水会造成电池内局部供气不足、电流分布不均导致不均匀的性能衰减；严重的将引起电池反极，加速电池性能的衰减，缩短电池寿命。为使生成的水能及时排出电池，国内外学者进行了大量的研究。

燃料电池堆在运行时会产生大量的热，若散热不合理，将造成电池堆内的温度分布不均匀。过高的温度使质子交换膜脱水，降低膜的质子传导率，使电池堆性能下降，甚至导致电池产生不可逆损害。若局部温度过低，电池内的催化剂达不到最佳活性点。另外，若电池堆内单电池各点温差过大，会使膜受热不均，缩短燃料电池的寿命。同时，若电池堆中各单电池温差过大，则难以对电池的运行温度进行控制，会造成电池均一性下降，使电池输出性能降低。

5.3.1 模拟分析

在目前的文献中，有较多利用模拟手段对燃料电池内的温度分布进行研究。数学模拟是指用 Fluent 流体软件对 PEMFC 内部传热传质进行模拟的过程，针对不同问题、不同方向做不同的模拟实验。

数学模拟又分为一维、二维和三维。Fuller 等通过建立二维模型，研究了燃料电池内热管理和水平衡的关系。Jung 等建立的燃料电池二维模型中，对电池内热管理进行了研究。Dannenberg 等利用简化 Bulter - Volumer 以及 Stefan - Maxwell 方程，建立了质量与能量传递在二维流道方向的模型。Bernardi 等最早针对 PEMFC 内部传热传质提出了一维模型，并较为详细地描述了电极化学反应和内部传递过程。此后的很多研究都是以 Bernardi 等的早期研究数据为理论基础，提出了相应的一维和二维模型。近年来，三维模型逐渐成为主要的研究方法。通过三维模拟电池内部传递过程，可以对电池内部的工作过程进行更为详尽和全面的分析，使实验结果更加准确。Wen 等建立了典型单电池的三维模型，结果表明：PEMFC 电池温度场的不均匀性与工作电流密度有关。电流密度越大，电池温度不均匀性越大，在较低的电流密度下，电池内温度近似均匀，最终模拟的温度场分布基本与实际实验所测结果相吻合。

由 Li 等模拟的经典三维模型结果给出了单通道在单一变量下的温度分布。Ju 等通过建立燃料电池三维模型，对电池内的热管理及水管理进行了研究。朱蓉文等运用 Fluent 模拟分析 $50cm^2$ 的单电池，研究了冷却水对膜上温度分布的影响。结果表明：冷却水温度梯度较大，大部分冷却水温度偏低，冷却水换热效果不好；电池在高电流密度完全加湿时，冷却水可改善温度分布不均，冷却水与进气同进效果较好；反应气体完全加湿条件下，多蛇流道温度沿流道减小。Bapat 等利用二维两相模型，研究了电池内电阻率的各向异性与工作电流密度和电池温度分布之间的关系。结果表明：GDL 高横向电阻率影响电流密度在邻近气体流道区域的分布，并且在邻近集流器区域产生较高的电流密度。同时，由于 GDL 的高热传导各向异性，阴极催化层最高和最低温度取决于平均电流密度而不是局部电流密度。崔东周等研究了水、热、气管理的主要措施和它们对电池性能的影响。结果表明：对 PEMFC 物理机制认识的不足是水、热、气管理水平较低的原因。应建立 PEMFC 的多尺度、多相、多物理场、动态仿真模型，进行分析、模拟和优化，来提高其性能。近年来，部分研究者倾向于用 Fluent 三维模拟，它可以模拟出燃料电池在一定状态下的传质、传热过程，且所需实验器材少，成本低，成功率高，应用范围广，可用于改进燃料电池结构，预测实验可行性，对燃料电池故障进行检测等。国内外学者通过对燃料电池进行理论和数值模拟，建立了相应的数学物理模型来预测燃料电池的热量分布规律。同时，很多学者也采用实验的方法，对燃料电池内的热量分布进行了研究。

5.3.2 实验研究

目前的实验研究中，多采用热电偶或热敏感应器与热成像仪对电池内温度分布进行研究。将热电偶或热敏感应器与电池内不同部位接触，用以测量该处的温度。该方法使传感器和燃料电池制成一体，所以又称一体式传感器测温。

在 Costamagna 的实验中，不仅描述了内部温度的分布，还分析了在运行过程中稳态时能量的传递。并指出温度和湿度是电池维持最高效率的重要因素，当温度高于峰值 130℃

会使膜产生不可逆损害，空气中水的过量压缩会导致流体通道堵塞。Fabian 等运用微型热电偶测量得到电池实时温度分布，结果表明：电池阴极的结构对 O_2 的分布有影响。Abdullah等作出了电池的极化曲线，该电池有 5 块分块电池，采用 Nafion112 膜，催化剂在各分块电池上。结果表明：电池内的温度梯度沿流道方向改变，电池内温差在开路时仍然存在，这是由电池内燃料穿透引起的穿透电流造成的。Maranzana 等通过测试分块透明单电池发现，电池内温度分布与电流密度的分布及水分布有很大关系。电池内的局部老化与电池内的燃料穿透有关，这也关系到燃料电池的可靠性。Wen 等研究了透明电池，将热电偶置于电池阴极侧流道石墨板内，结果表明：电池内的液态水与热分布有关，透明电池能有效测量电池内的温度分布。

燕希强等将微型热电偶置于膜电极内部，使热电偶与 MEA 加工成为一体，测量运行中电池内部的温度变化。同时，还将热电偶加进 PEMFC 的阴极催化层，以及阴、阳极催化层和电解质之间，来测量内部温度场。此外，还有用独立于电池的测温传感器，独立于燃料电池测温，其热电偶具有灵敏度高的特点。Vie 等通过热电偶测量了电池内温度，同时计算 MEA 的导热系数和传热系数。Mench 等采用两片 25μm 厚的 Nafion 膜压住 8 个直径为 50μm 的 R 型热电偶，来测量燃料电池内温度分布。结果表明：此方法对 MEA 影响不大，但制作过程复杂，容易损坏热电偶，导致实验数据不能准确显示温度分布。

Zhang 等利用 4cm×4cm 单电池、霍尔效应传感器及 10 个超薄 T 型热电偶置于燃料电池的阴极催化层和气体扩散层之间，同时测量了不同气体流量、不同电流密度下，电池的温度分布和电流密度的分布以及两者的一致性。结果表明：电池内进口处电流密度和温度较高；电池内温度分布和电流密度分布一致性较好；在大流量进口气体时，氢气对电池电流密度没有提高，气体对电池有冷却作用。Zhang 等采用相同电池，研究了在缺气条件下电池电流密度和温度的分布。结果表明：当电池负载为定电流模式时，空气缺乏会导致进口电流密度上升，出口电流密度下降，温度整体上升，而进口处温度上升最大。H_2 缺乏导致出口温度不变，电流密度降至零，而进口电流密度与温度上升尤为明显。当负载为定电压模式时，除了出口处的微小变化，电流密度不均与温度分布不均受气体缺乏的影响不明显。

对于热敏电阻器，一般的研究者常用印刷技术和微机电系统（Micro Electro Mechanical System，MEMS）技术将热敏电阻器"溶"入电池内部与电池成为一体，来测量内部的温度分布。Pattekar 等利用该方法直接测量了甲醇燃料电池内部的温度。

Lee 等利用 MEMS 技术测量了电池温度分布，结果表明：传感器的存在造成电池性能的降低，不能反映一般电池正常运作时的温度分布。虽然 MEMS 系统传感器可以随意安放和准确定位，但将其放入电池中，增加了接触电阻，阻止了气体扩散层的流道，使电池的反应区域减少 12%，电池性能降低约 5%。Wilkinson 等在单电池的 MEA 表面用蚀刻技术布置了 19 个热电偶，其中 17 个在阳极，2 个在阴极。由于是嵌入式加入电偶，热电偶的测量不会影响整个流场的流动和化学反应，实测阳极有 9 个电偶，阴极有 1 个热电偶能正确输出数据。当电池负载电流为 280A 时，阴极和阳极相差不到 1℃；低于 280A 则两极温差大于 1℃。结果表明：温度分布和电流流向有很大联系，可通过电池温度分布来预测工作电流的变化趋势。

同时还有很多学者将热电偶从流道板脊的背面进行温度测量。由于燃料电池的特殊结构，让热电偶或微型温度传感器独立插入电池内部测量温度的方法，容易损坏热电偶导致不能测温，因此，该方法在实验中应十分小心。

近来，将光学温度传感器作为测量燃料电池温度的方法广受研究者关注，其结构简单、响应快、测量范围广、分辨率高、不受电磁干扰和电化学影响、可用于任何燃料电池的内部温度测量。但其操作过程复杂，传感器在放置过程中容易被损坏，小范围改变了电池本身的结构，影响了电池的正常运行。虽然研究经费较高，但其分辨率和瞬时性均能满足工程要求。

Hinds 等利用光栅光纤传感器(Fiber Bragg Grating，FBG)可以测量温度的原理，对燃料电池内温度分布进行了研究。该方法对 PEMFC 流场板改变较大，需设置专门的结构来定位传感器，这使该过程变得复杂。汪茂海等与 Inman 应用红外成像技术测量电池阴极外表面的温度分布，电池活性棉结为 $5cm^2$，阴极采用有机玻璃，在阳极短板插入加热棒加热阳极。实验中通入未经预热的干燥纯 O_2，对电池内温度分布进行了研究。Hakenjos 等用红外线摄像机(CCD camera)测量了 49 个总活性面积为 45mm × 45mm 的 5mm × 5mm 的子电池。实验中，为使传感器能直接接触到流道场，在阴极表面沉积 2mm 厚的石墨层，埋入红外线测试装置，改变了气体扩散层结构。接收信号时，红外线摄像机接收了范围在 8 ~ 12μm 的波长进行分析。结果表明：电流密度很低，水淹地区温度较高，冷凝器所产生的热量对温度的分布起主要作用；电池水淹区域温度比未水淹区域高；温度作为重要因素会影响电池内部的电流密度。该实验也为两相模拟提供了理论依据。

Wang 等应用热成像仪、热电偶测试了活性面积为 39mm × 29mm 的单电池，气体不加湿，蛇形流道。结果表明：由于出口膜湿度的增加，出口处 MEA 温度高于进口；随着电流密度升高，电池温度及温度分布的不均匀性都升高。

Cao 等发展了一种新的 PEMFC 局部特性测试方法，该方法实现了在不改变 PEMFC 膜电极和电池结构的情况下，对 PEMFC 电流密度和局部温度分布的同步测量。结果表明：阳极流场板背面最大温差小于 1℃；电流密度分布主要受电极内液态水分布的影响；同时，水蒸气冷凝放热导致电池局部温度升高是造成电池温度分布不均的主要因素。Hauer 等通过模拟和测验霍尔感应装置检测 PEMFC 内部温度分布与电流密度之间的关系，通过电流密度计算出温度大致分布。虽然该实验能测量出电池内部的电流密度分布，且电池电流密度确实能影响温度分布，但该实验对电池内温度分布的预测精确度值得商榷。

5.4 质子交换膜燃料电池水传输机制

通常质子交换膜燃料电池内部的水传输分为电化学拖拽(Electro – Osmotic Drag，EOD)、反向扩散(Back Diffusion，BD)、毛细作用(capillary effect)和压力梯度渗透(hydraulic permeation)等几个过程。质子交换膜燃料电池中的水分，一方面来源于电化学反应本身所产生的液态水，这部分水分主要产生在催化层表面，并在毛细作用下从气体扩散层溢出到达流道内，随着反应气体的流动而排出流场外部；另一方面来源于反应气体的加湿。由于质子交换膜必须保持一定的含水量才能获得良好的导电性，因此反应气体进入燃料电池内部前需要进行加湿，通过加湿的反应气体对质子交换膜进行润湿。更重要的是，质子通过质子交换膜的传输必须携带水分子，而这个水分子正是来源于反应气体加湿的水分。理想的燃料电池水平衡模式是将燃料电池反应生成的液态水进行内部循环，将其用于反应气体的加湿，只是将少量残留在流道内的液态水通过反应气体的流动排出电池外部。这样就不需要在燃料电池系统中增加加湿器，从而简化了燃料电池系统的设计，也降低了燃料电池系统的成本。然而，质子交换膜燃料电池是一个多相流、多尺度、动态的发电装置，要想通过内部的水循环利用而实现水平衡并不是一件简单的事情。要实现这一目标，不仅要优化催化层和气体扩散层以及双极板表面的亲疏水程度，还要优化燃料电池系统的控制策略，使燃料电池尾气中的水分都能得到充分有效的利用。

5.5 本章小结

本章从质子交换膜燃料电池水生成和传输机理开始介绍，并从燃料电池内部水管理和热分布研究现状来分析水热管理的策略。

习题

1. 为什么燃料电池要进行水管理？
2. 为什么燃料电池要进行热管理？

第6章 燃料电池系统

任何一个燃料电池系统的最终目标就是在合适的时间为合适的场合提供适量的动力。为了达到这个目标，一个燃料电池系统通常包括带有一套附属配件的燃料电池组。需要燃料电池组是因为单个燃料电池在正常电流水平只能提供0.6~0.7V的电压，除此之外的其他配件是用于维持电池的正常运行。这些配件包括提供燃料供应、冷却、功率调节、系统监控等装置。通常这些附属装置所占用的空间(和花费)比燃料电池单元本身要多。这些从燃料电池系统中提取电能的装置被称为附加能量装置或寄生能量装置。

应用目标严格地决定了燃料电池的设计。在需要可移动式和能量密度的便携式燃料电池系统中，我们急需简化附属部件。在需要可靠性和能量效率的公共事业型固定动力发生装置中，我们需要经济的系统配件。图6-1所示的两个燃料电池系统设计的例子组成了相反的设计。

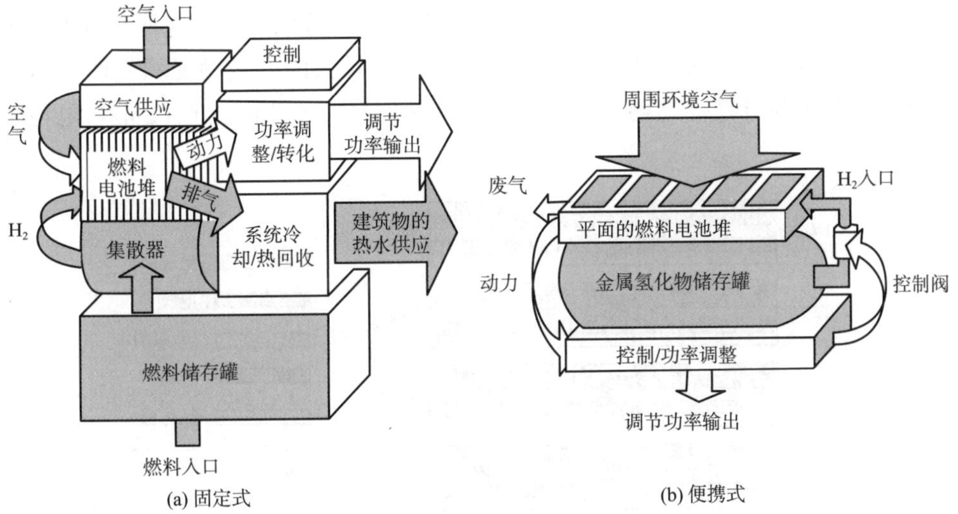

图6-1 两个燃料电池系统示意

本章涵盖了典型燃料电池系统设计所包含的主要的子系统。这些子系统的其中一部分见图6-1，包括：

(1)燃料电池堆(燃料电池子系统)；

(2)热管理子系统；

(3)燃料传输/处理子系统；

(4)电力电子子系统。

6.1 燃料电池堆(燃料电池子系统)

单个燃料电池的电压局限在约1V，此外，在一定负载下单个氢燃料电池的输出电压通常为0.6~0.7V。这个范围相对应于一个“优化点”，在此点燃料电池的电效率基本合适(约45%)，同时燃料电池的输出功率密度接近其最大值。但是，绝大部分现实的应用需要的电压由几伏特到几百伏特。怎样才能用0.6V的燃料电池来满足实际应用所需要的高电压呢？一种方式是将多个燃料电池串联连接，电压就为多个电池电压的总和。这项称为燃料电池“堆叠”的技术实现了燃料电池系统对任何电压的需要。

除了增加电压，这种堆积的设计还需要满足以下要求：

(1)简单且低成本的制造；

(2)电池间的保电能损失连接；

(3)有效的气体流通方案(以提供反应气体的均匀分布)；

(4)有效的冷却设计(针对高功率的电池堆)；

(5)可靠的电池间密封方案。

图6-2所示为最常用的燃料电池互连形式，称为立式或双极板式堆积。在这种结构中，一个单独的导电流场极板与一个电池的燃料电极和另一个燃料电池的氧化电极相连，从而使电池串联在一起。这个极板既是其中一个电池的阴极也是另一个电池的阳极，因此被称为双极板。双极堆叠结构类似于手电筒里两节电池的首尾堆叠。这种双极堆叠电池具有直接实现电池间电学连接的优点，同时由于电池间较大的电接触面积而使电阻损失很小，另外此双极板设计使得燃料电池堆叠非常坚固。绝大部分传统的PEMFC电池堆都采用这种结构。

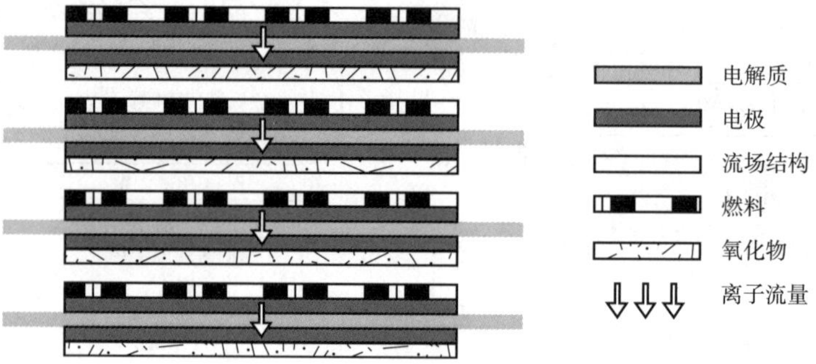

图6-2 立式电池堆连接

双极结构很难密封。图6-3所示为燃料电池双极板堆设计三维图。可以很明显地看出，除非对电池堆中每个电池的边缘进行密封，否则气体可由多孔透气的电极边缘泄漏出来。一种常用的边缘密封的方法是使电解质略大于多孔电极，并在其两侧加入一种密封垫圈。在一定压力下，这些边缘密封垫圈能在每个电池的周围实现紧密的密封。

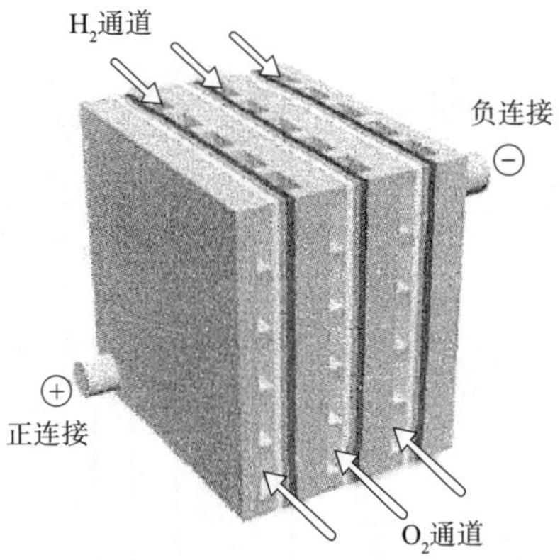

图 6－3 燃料电池双极板堆设计三维图

平面互连设计近来可作为立式堆叠结构的一种替代方式。在平面结构中，电池采用平行相接而不是立式相接。由于这种结构的电阻损失的增大使得其不大适合于大规模动力系统，但这种形式针对如笔记本电脑或个人数据助手这类便携式装置却具有优势。图 6－4 所示为两种可能的平面连接的结构。图 6－4(a) 所示为带状隔膜的设计，在这种设计中一个电池的阴极通过(或环绕着)隔膜与另外一个电池的阳极相连接。这种结构在低功率应用方面比传统的立式堆结构更易包装。但是，这种设计的最大缺点就是相互间的连接基本上都是由隔膜的这一侧贯穿到另外一侧。这种贯穿隔膜的连接是通过沿着电池的外周由“边缘接片”或是穿过隔膜的中间区域特定开口而实现的。但沿着边缘外周的相互连接限制了设计的灵活性，同时也需要更大的连接长度，因而也增加了电阻损耗。穿过隔膜的开口连接设计对于电池局部的密封是一种极大的挑战，这个问题对于聚合物电解质是很严峻的，因为聚合物电解质会随着温度水平而严重变形。为克服带状隔膜设计而带来的挑战，平面翻转式设计近来已经被提出，如图 6－4(b) 所示。翻转式设计最突出的特点就是两个不同电池电极之间的相互连接是在隔膜的同一侧。

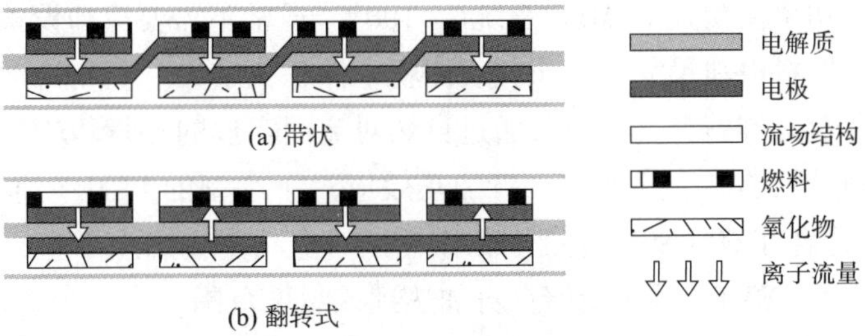

图 6－4 两种平板串联连接示意

对于 SOFC，如图 6－2 和图 6－4 所示的平面和立式堆叠结构就会由于密封的问题不再那么合适了。尽管这些设计已经成功地应用于 SOFC 上，但设计中还是会选择可以减少密封件数量的堆叠方式。图 6－5 所示为一种最为成功地通过采用管状几何结构而减少密封件的方法。管状几何结构对于需要承受大范围温度变化的高温燃料电池十分有效。大范围的温度梯度使得不同材料的热膨胀系数很难匹配，对于密封来说是更大的挑战。

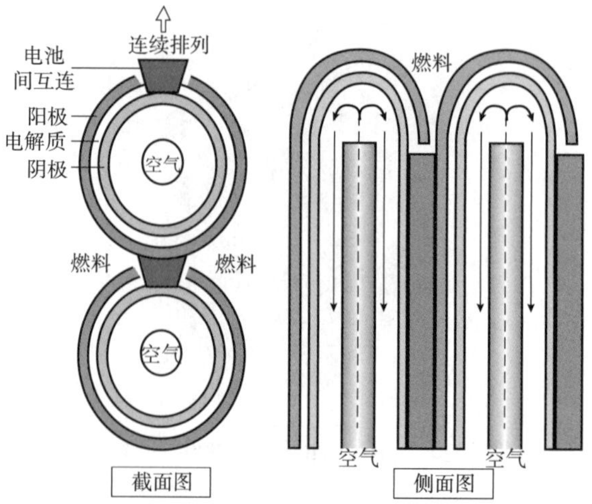

图 6－5　管状燃料电池设计的截面图和侧面图

6.2　热管理子系统

燃料电池通常在正常功率密度条件下运行时只有 30% ~60% 的电效率。没有转化为电能的能量以热能的形式散发了。如果热量产生率太高，燃料电池堆就会出现过热。如果对电池堆的冷却不充分，那么它将会超过理想的运行温度上限，或者堆内的温度梯度就会上升。堆内的温度梯度将导致各个电池在不同电压下运行，从而对其性能有着负面的影响。在这种情况下，燃料电池需要充分有效的冷却以保持优化的运行温度，同时也避免堆内温度梯度的产生。燃料电池的类型和尺寸主要决定了对冷却的要求。小型低温燃料电池（如 PEMFC）通常使用“被动”的冷却（通过自然对流冷却），而高温燃料电池（如 SOFC 和 MCFC）和大型低温燃料电池（如 PEMFC 和 PAFC）则需要“主动”的冷却（通过强制对流冷却）。高功率密度的车用电池堆需要“主动”的液体冷却。

综上所述，低功率便携式 PEMFC 系统（ <100W）通常不需要冷却设备而是利用周围环境自然冷却。随着燃料电池尺寸的减小，表面积－体积比增大。利用流动的反应物和生成物的自然冷却，以及由堆壁和周围空气通过自然对流而实现的热量传输，对于实现燃料电池内部的热量平衡是足够的。事实上，自加热效应对于小型的 PEMFC 系统十分有益，因为 PEMFC 系统最适合在 60 ~80℃温度下工作，针对电功率输出水平范围，通过精心设计热量传输，可使小型 PEMFC 系统能够自身加热到该温度范围。

较大型便携式系统（ >100W）通常需要强制对流冷却。一个有效冷却的电池堆也需要一些辅助设备（如风扇、鼓风机或泵机）来使液体经过冷却管道达到循环。但是，这些辅助设备将要消耗一部分燃料电池所产生的功率，称为寄生功率。风扇、鼓风机或泵的选择依赖于要求的冷却速率和产生的压降，这必须在冷却剂通道中克服。风扇、鼓风机一般消耗较少的功率，但在低压条件下工作最佳。当要求更高的空气流动速率（和必然的更大的压力降）时就需要使用泵机。一个冷却系统的效率由其完成的热量排放与自身消耗的电能的比值来计算，设计良好的冷却系统的效率比值通常可在 20 ~40。

高功率密度的电池堆通常采用“主动”的液体冷却来代替“主动”的气体冷却(如空气)。当一个燃料电池堆的体积受到限制时(如在汽车上的应用)，我们使用“主动”的液体冷却。因为液体的热容量要远远大于气体的热容量，小型的液体冷却管道能排出比等量气体多许多的热量。在一个以液体冷却为基础的系统中，冷却的液体是需要循环利用的，因为车载的供给空间有限、(不像空气冷却)，这就可能会增加系统的复杂性。如果冷却液体是水，那它必须是去离子的，以至于它不能导电。绝大部分汽车用燃料电池堆(50～90kW)是液体冷却的，有一部分使用水和乙二醇的混合物。

与此对照，高温燃料电池(如MCFC和SOFC)需要较高的运行温度，因此冷却问题不是很重要，电池组对过热也不是很敏感。事实上产生的热量通常会被有效地利用。在高温燃料电池中利用电化学氧化作用释放出来的热量可用来：①提供电池内部高温电化学反应所需要的热量；②预热进来的气体；③为必要的上游化学反应，即分解碳氢化合物提供热量。在正常的运行过程中，额外的空气流就足以冷却这些电池堆了。

上述部分着重于燃料电池堆冷却的重要性，是为了避免电池堆过热和较大的堆内温度梯度。从其他的角度来看，燃料电池堆的冷却也是十分重要的：电池堆释放出来的热量是有实用价值的。电池堆所释放出来的热量被回收可用于：内部系统加热和外部加热。内部加热的例子包括：①预热将要进入电池堆的气体；②蒸发水用来加灌进入电池堆的气体。外部加热的例子包括：①利用车用燃料电池系统为车内的乘客供暖；②利用固定燃料电池系统为建筑供暖和供应热水。热量不仅仅可以由电池堆本身回收利用，还可以由系统其他配件回收利用。

6.3　燃料传输/处理子系统

为燃料电池提供燃料是系统设计工程师面对的最艰巨的任务。现今几乎所有实际应用的燃料电池都采用 H_2 或是含有 H_2 的混合物来作为燃料。以下有两种有效的方式给燃料电池提供燃料：

(1)直接使用 H_2；

(2)使用氢载体。

氢载体是一种十分方便的、能够为燃料电池输送氢的化学物质。例如，CH_4 就是一种方便的氢载体，而且比 H_4 更容易获得。如果直接使用 H_2，就必须先制备出 H_2，在使用前还必须先把它存储起来。

对于固定燃料电池系统，燃料的选择上最为重要的评定因素之一就是燃料的易获得性。而对于便携式燃料电池，燃料的存储效率是关键。存储效率可以用质量能量密度和体积能量密度来度量。

6.3.1　H_2 的存储

在 H_2 存储系统中，O_2 是直接供给燃料电池的。直接提供 H_2 的主要优势如下：

(1)绝大多数燃料电池使用纯 H_2 效果最好；

(2)不用考虑 H_2 纯度或者被污染的情况；

(3)燃料电池系统简易；

(4) O_2 具有较长的保存期限(液态氢除外)。

但是，H_2 不是一种容易获得的燃料。而且，目前高效高密度的 H_2 存储系统还不存在。最为常用的 3 种储氢方式是：

(1)压缩氢气；

(2)液化氢气；

(3)金属氢化物。

1)压缩氢气。这是一种最直接的储氢方法。H_2 在很高的压力下压缩并放在特殊设计的气瓶中。存储效率相当一般，不过会随着气瓶的尺寸和压力的增大而增加。目前的气瓶技术允许存储时的压力高达 700bar。但是过高的压力也可能带来很多重大的安全隐患。此外，压缩氢气非常消耗能量，大约相当于 H_2 自身能量的 10% 被用来将其压缩到 300bar。这种消耗并非按相同的比率随着存储压力的增大而增大，进一步压缩氢气所消耗的额外能量所带来的结果会使更多 H_2 被存储起来。

2)液态氢气。如果 H_2 被冷却到 22K 时，它就会完全液化。液化氢气可以允许其在低压下存储。液氢的存储方法在这几种直接储氢方式中具有最高的能量存储密度，约为 $0.071g/cm^3$。存储容器必须是厚实而且是双层加强的真空绝缘容器以保持极低的温度。所以，尽管体积存储效率还是一般，但是质量存储效率却相当可观(由于这个原因，液态氧气被用在特别强调质量能量密度的空间飞船上)。液化氢气最大的问题可能就是十分耗能；液化一定量的 H_2 需要消耗的能量约相当于 H_2 自身所释放的能量的 30%。

3)金属氢化物。常见的金属氢化物包括铁、钛、锰、镍和铬等合金。将这些合金研磨成极细的粉末并装入容器内，它们能通过把 H_2 解离成氢原子再吸入合金中，像“海绵”吸收大量的 O_2 一样。稍微加热，这些氢化物又能将存储的 H_2 释放出来。金属氢化物能够吸收大量的 H_2。事实上，氢气原子可以进入某些氢化物结构内部，以至于能达到比液态氢还要大的体积能量密度。由于这些氢化物材料本身很重，所以质量能量密度就很一般，而且这些材料也十分昂贵。不过，金属氢化物存储方式对于便携式电池应用还是最有吸引力的。

6.3.2 氢载体

使用氢载体来代替 H_2 能得到更高的质量能量密度和体积能量密度。这些氢载体对于便携装置的应用特别具有吸引力。典型的氢载体包括甲烷、甲醇、硼氢化钠、甲酸和汽油。

氢载体对固定装置的应用也有着同样的吸引力。因为 H_2 不能自然生成，它必须由其他的含氢化合物中分离出来。不像天然气或是石油，我们不能在自然界中“开采”到现成的 H_2。因此，绝大部分固定式燃料电池运行使用的是更易广泛获得的如甲烷气体或生物气体。使用这些氢载体燃料，相对于现存的电力电厂，燃料电池依旧能达到高效率、模块化及低排放。

但是，大多数氢载体不能直接使用于燃料电池，而必须通过一定的化学反应过程产生 H_2，然后供给燃料电池。极少数的氢载体可以直接被燃料电池使用，其中包括用于 SOFC 和 MCFC 的甲烷和用于 DMFC 的甲醇。

为了对比各种氢载体供应燃料的“效率”，我们需要着重考虑有多少存储在氢载体中的能量被电池有效利用，例如，甲醇的能量密度就比压缩氢气更大，但是燃料电池一般只能将其蕴涵能量的 20% 转化为电能，而同样的情况却能将压缩氢气中所蕴涵能量的 50% 转化为电能。在这种情况下，甲醇对比 H_2 的效率值只有 0.40。一个氢载体系统的效率可以定义为燃料电池中氢载体所蕴涵能量转化为电能的百分率与 H_2 所蕴涵能量转化为电能的百分率的比值。依照这个效率公式来评估，对于便携式燃料电池就能对直接使用 H_2 的系统的存储能量密度与氢载体系统的存储能量密度有个客观的比较。

回到甲醇的例子，甲醇重整需要与 H_2O 按 1∶1 混合，依照化学反应：

$$CH_3OH + H_2O \longrightarrow CO_2 + 3H_2$$

如果一个假想的甲醇燃料系统由体积为 1L 各含 50% 的甲醇和 H_2O 的混合燃料的存储器与一个体积为 1L 的重整器组成，该燃料系统的净体积能量密度为 1.71kW · h/L。如果假定这种燃料 - 水混合物所携带能量效率的比值为 0.7，那么这个甲醇燃料系统就和一个具有 1.2kW · h/L 体积存储能量密度的直接氢气系统等价。考虑质量比率，这种甲醇燃料系统可能和一个具有 1.4kW · h/kg 的质量能量密度的直接氢气系统等价。

前面所提到的，主要有两种利用氢载体的方式。它们可以经过燃料电池中的直接电化学氧化过程产生电能(只有当它们是相对简单且易于反应的物质)或是转化成 H_2(化学过程)，然后再供应给燃料电池使用产生电能。转化过程可依据是否①是在燃料电池外部的一个反应器中发生的(外部转化)或②是在燃料电池内部的催化剂表面发生的(内部转化)来进一步划分。下面将简单讨论这 3 种方式。

(1)直接电氧化

直接电氧化过程由于其简单而很有吸引力。相比一般的氢 - 氧燃料电池，它不需要额外的外部化学反应器或其他配件，虽然可能需要用到不同的催化剂、电解质和电极材料等。能直接在燃料电池中发生电化学氧化过程的例子包括甲醇、甲烷和甲酸。在直接电氧化过程中，电子从燃料分子中被直接剥离，因此可以省略燃料转化为 H_2 的额外步骤。但是，直接使用非氢燃料的燃料电池由于动力学的复杂性导致显著的功率密度和电能效率的损失，因这些复杂性，如果要提供同等功率，则使用非氢燃料的燃料电池要比氢燃料电池大许多，通常体积要大上 10 倍。这样的要求大大削弱了直接使用氢载体以获得高能量密度的优选地位。我们需要对燃料存储器尺寸、燃料电池尺寸和燃料效率这些因素之间的平衡进行仔细研究来决定直接电氧化法是否具有实际意义。

(2)外部重整

燃料处理器利用热量，通常结合催化剂和水蒸气将氢载体燃料分解为 H_2。在燃料重整过程中也会额外产生如 CO 和 CO_2 这样的物质。最好的情况是，这些副产物稀释进入燃料电池的 H_2，同时稍微降低电池的性能。最坏的情况是，它们成为有害物质从而严重降低电池的性能。在这种情况下，我们需要额外的步骤来增加气体中 H_2 含量并在重整气体

(已经重整的 H_2 混合物)进入燃料电池之前去除掉这些有害的物质，这个过程对于低温燃料电池是十分重要的。这样的化学过程中有些是放热的，而另外一些是需要吸热的。对于高温燃料电池，反应所需要的热量由其自身提供；对于低温燃料电池，可能需要燃烧一定的燃料来提供需要的热量。外部燃料处理器的尺寸和复杂程度由其需要转化的燃料类型、是否需要去除杂质和有害物质，和需要生成多少转化物来共同决定。

(3)内部重整

在内部重整过程中，重整过程发生在燃料电池内部，具体是在阳极催化剂的表面。内部重整只能在使用特定燃料的高温燃料电池中发生，在这些电池中，高温催化剂不仅能催化反应产生电能，还可以促进燃料转化反应的发生。在典型的内部转化流程中，氢载体气体在接触到燃料电池阳极之前会与水蒸气混合。这种气体和水蒸气在阳极催化剂的表面发生反应产生 H_2、CO 和 CO_2。产生的 CO 对于这种高温燃料电池不是问题，而且它还能被直接作为燃料使用。此外，CO 能和更多的水蒸气反应生成 H_2。与外部重整过程相比，内部重整过程显示了一些主要的优势，这些优势包括降低系统的复杂性(可以省去外部化学反应器)、降低系统的造价、更高的系统效率和更高的转换效率、吸热转化反应和放热电化学反应之间的直接热传输。

直接电氧化过程最适合于系统简单、配件体积小、低功率和长运行时间的便携式装置。燃料重整最适合于固定式应用，因为它强调燃料选择的灵活性以及多余的热量能够被系统或系统外部需要所利用。目前燃料重整技术要应用到便携式和运输装置似乎还不大可能。2004 年，美国能源部决定终止针对燃料电池汽车的车上燃料处理器的研究与开发，主要是基于以下理由：

1)目前的燃料处理技术不能满足技术指标和经济目标；

2)没有明确的技术路线以满足燃料电池汽车实际/集成的标准；

3)在效率和排放量方面，重整汽油的燃料电池汽车与汽油－电力混合动力汽车之间相比，预期只有很微小的提高。

6.3.3 燃料传输/处理子系统总结

在一定情况下，燃料电池类型和应用最终决定了最佳的燃料供应子系统。针对分布式供电的固定装置，利用当地易获得的燃料如甲醇或生物气体的燃料处理子系统是不错的选择。针对运输系统来说，存储压缩氢气的方式将是优先考虑的选择。针对小型便携式燃料电池来说，金属氢化物存储和直接采用液体燃料(尤其是甲醇)电氧化将是优先考虑的选择。H_2 燃料传输子系统相对简单，而基于载体－气体的燃料处理子系统则相对较为复杂。

6.4 电力电子子系统

电力电子子系统由电力调节、电力转化、监视和控制以及电力供应管理等部分组成。燃料电池的电力调控通常包括两个任务：电力调节和电力转化。调节是指提供一个确切的电压并且保持这个电压长时间稳定，即使电流载荷发生变化。转化是指将燃料电池提供的直流电力转化为大多数电子设备消耗的交流电力。对几乎所有的燃料电池应用，电力调节是必要的，对大多数固定和汽车用燃料电池系统，转换也是必要的。固定系统需要给周围的交流电网和楼房中的交流设备提供电力。汽车系统经常需要将直流电力转化为交流电力以供给比直流电机效率更高的交流电机。对一些便携式燃料电池的应用可以不需要转化过程，如一个燃料电池型笔记本电脑可以直接使用直流电力。但是，电力调节在经济和效率方面都要付出代价。电力调节将增加相当于燃料电池系统造价 10% ~15% 的费用，而且电力调节会将燃料电池系统的效率减少 5% ~20%。所以针对一个实际的应用，我们必须要仔细选择最适宜的电力调节方式。接下来讨论电力调节和电力转化。

6.4.1 电力调节

绝大多数实际应用需要一个长时间稳定的特定电压水平对应的动力。但是，由燃料电池提供的电力并不是十分稳定；燃料电池的电压很大程度上取决于温度、压力、湿度以及反应气体流速。另外，电池的电压也会随着电流负载的变化而显著变化。例如，观察单个电池的极化曲线，可以看出电压随着电流的增大明显降低。此外，即使将多个燃料电池仔细地堆叠串联起来，该电池系统的电压通常也不能达到特定应用的准确要求。基于此，燃料电池动力通常使用 DC/DC 变换器调节。DC/DC 变换器将燃料电池直流电压作为输入，然后将它转化为固定、稳定、特定的直流电压输出。

目前主要有两种类型的 DC/DC 变换器：升压变换器和降压变换器。在升压变换器中，由燃料电池提供的输入电压被提升为更高的输出电压；在降压变换器中，由燃料电池提供的输入电压被减小为更低的输出电压。任何一种情况，不管输入电压大小(甚至它还随时间变化)，它都会在一定范围内转化为变换器设定的输出电压。在任何一种情况下，总动力必须是守恒的，除去一些损失。例如，一个典型的升压变换器能够将燃料电池堆输入从 10V 和 20A 转化为 20V 和 9A 的输出。尽管电压增大了 2 倍，但是电流却减小到比原来的一半还少。通过输出功率与输入功率的比值可以计算出变换器的效率：

$$效率 = 输出功率/输入功率 = (20V \times 9A)/(10V \times 20A) = 0.9$$

这个升压变换器的效率为 90%。一般的 DC/DC 变换器的效率为 85% ~98%。降压变换器的效率更高，而且变换效率随着输入电压的增大而增大。基于此，燃料电池的堆叠结构十分重要。虽然理论上有可能，但将单个燃料电池电压从 0.5V 放大到 120V 的效率是十分低的。

6.4.2 电力转化

在绝大多数固定式应用中，如公共事业或住宅用电力，燃料电池将会与周边的电网相连或是要满足一般家用电器的需要。这时，我们需要交流电而非直流电。依据特定应用会需要单相或三相交流电。公共事业和大规模的工业消费者需要三相动力，而大多数民用和商用只需要单相交流动力。单相与三相的电力转化技术现在已经十分成熟和高效。与 DC/DC 变换器相似，DC/AC 变换器的效率通常可在 85% ~97%。

6.4.3 监控系统

一个大型的燃料电池系统本质上是一个复杂的电化学处理装置。在运行过程中，许多可变参数如堆内温度、气体流速、输出功率、冷却过程和转化过程都需要监测和控制。燃料电池的控制系统通常由3个独立的部分组成：一是系统监测部分(计量器、感应器等监测燃料电池的运行条件)；二是系统驱动部分(阀门、泵、开关等用来调节并控制系统内部的变化)；三是中心控制单元，它能调节监测感应器与控制驱动器之间的相互作用。中心控制单元的意义是使燃料电池保持在稳定的、特定的条件下运行，它被认为是燃料电池系统的“大脑”。大部分控制系统是采用反馈运算来维持燃料电池的稳定运行。例如，在燃料电池堆内温度感应器和热量管理子系统之间加一个反馈回路，在该反馈回路中，如果中心控制单元探测到燃料电池堆的温度在上升，它可能会增大通过电池堆的冷却气体的流速。另外，如果燃料电池堆的温度下降，控制系统会减小冷却空气的流速。图6-6所示为一种燃料电池控制系统示意。

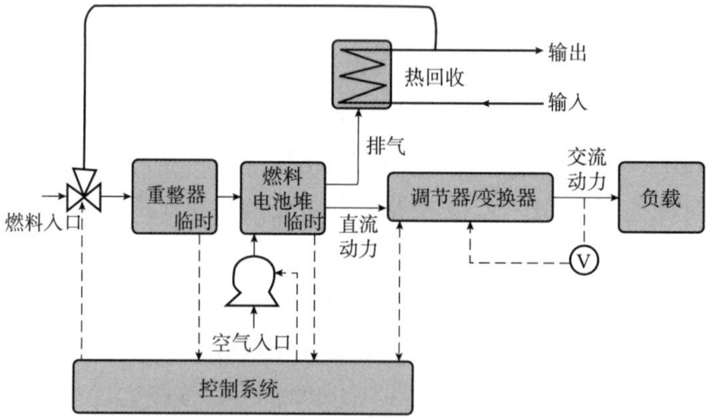

图6-6 燃料电池控制系统示意

6.4.4 电力供给管理

电力供给管理系统是电力电子子系统的一部分，用来使燃料电池的电力输出满足负载的要求。由于系统配件(如泵、压缩机和燃料重整器)上的延迟时间，燃料电池比其他电子设备，如电池和电容器具有更为缓慢的动态响应。燃料电池系统可以在有能量缓冲装置(如电池)或无能量缓冲装置(如电容)的条件下运行，在没有能量缓冲装置的条件下，燃料电池系统的响应时间为几秒到几百秒；在有能量缓冲装置的条件下，系统的响应时间能减少到几毫秒。电力供给管理系统也涵盖了一种处理变化的电负载的目的。一个中型轿车平均消耗25kW的电能，但最高时可达到120kW。一个燃料电池系统的电力供给需要设计成并能够控制在大负载波动下提供动力。在分布式供电应用中，电力供给管理也包含了针对燃料电池系统与本地电网间相互作用，以及满足建筑物对电力要求变化的目标。例如，当出现供电中断的状况时，燃料电池必须关闭或者与电网完全断开，因为如果它继续给电网提供电力，就会使维修的工程师触电。

6.5 本章小结

一个燃料电池系统一般由一组燃料电池和一套其他系统部件构成。燃料电池组用于满足实际应用中对电压的要求；系统部件组一般包括冷却、燃料供应、监测、功率调节和燃料电池的控制等设备。

燃料电池系统的设计强烈依赖于实际的应用。例如，在便携式的应用中，可移动性和能量密度是主要考虑因素，必须尽可能减少系统辅助部件。

习题

1. 为什么美国政府认为车上汽油重整的燃料电池汽车是无法实现的？你是否同意？为什么？

2. 假定在标准态条件下，一个1000W的氢聚合物电解质膜燃料电池在0.7V电压下产生热量的速率是多少？

3. 上一题中的燃料电池配备有冷却效率比为25的冷却系统。假定再无其他冷却设备，要保持一个稳定的运行温度，该冷却系统将要消耗多少寄生功率？

4. 一个1L的重整器和一个1L的装有按1∶1物质的量比混合的甲醇和水的燃料贮存器组成的一个燃料系统，其所具有的净能量密度为1.71kW·h/L(按燃料的热值计算)，推导这个数值。假定为标准态条件，同时使用甲醇的HHV焓值。且假定水的密度为$1.0g/cm^3$，甲醇的密度为$0.79g/cm^3$。写清楚所有的推导步骤。

第 7 章　燃料电池应用

7.1　燃料电池应用概述

燃料电池具有安全、清洁、高效、噪声低、燃料来源广泛、可模块化组合等优点，在固定电源、便携式电源、交通运输、军事和航空航天等众多领域具有非常广泛的应用前景和巨大的市场潜力。

由于燃料电池具有常规电池所具有的串并联特性，因此在集中发电领域拥有非常广阔的发展潜力。除此之外，燃料电池也可为种类繁多的独立电源和便携式电子设备提供能量。其中，SOFC 可以与煤气形成连续闭合循环，其有利于大、中型发电站的建设，且具有高的燃料总发电效率(70% ~80%，包括余热发电)。此外，以净化煤气、天然气为燃料气的 MCFC 适合于分散电站的建设，同时展现出高的燃料总热电效率(60% ~70%，包括余热发电与利用)。因此，如果将电网供电的方式改为燃料电池组供电，将在很大程度上解决电网调峰问题。

燃料电池还可根据应用类型分为现场热电联供和分布式电源两种，前者经常用于发电站(所需容量为 100 ~300MW)；后者常用于多种便携式电源(所需容量为 100W ~100kW)，如航空电源、可移动电源、应急电源和计算机电源等。PEMFC 在实际应用中展现出诸多优势，其在室温下启动迅速、灵活性强，对于不同的负载可实现输出功率的快速响应，因此在电力推动能源系统、无空气助力的潜艇动力源等多个领域受到青睐。除此之外，直接将甲醇燃料电池可作为手机、笔记本电脑等小型便携式电源的能量来源。

7.2　燃料电池在交通运输领域的应用

氢作为重要的能源载体，将会通过燃料电池而应用于未来的交通领域。可以作为汽车、公共汽车、火车、船舶、飞机等交通工具和重卡、叉车、铲车等的动力源。而汽车将是开发的重点。

7.2.1　燃料电池汽车的工作原理

燃料电池汽车(Fuel Cell Vehicle，FCV)是利用燃料电池发出的电力驱动电动机，带动汽车行驶，是一种电动汽车。其工作时，由车载氢气和外部空气供应给燃料电池，燃料电池发电带动电动机驱动汽车。燃料电池汽车的续航里程取决于车上所携带的氢的量，燃料电池汽车的行驶特性主要取决于燃料电池动力系统的功率。

燃料电池汽车的动力系统可以分为以下几种情况：①全燃料电池；②燃料电池 + 电池(或超级电容器或汽轮)混合系统；③燃料电池 + 内燃机混合系统(图 7 - 1)。

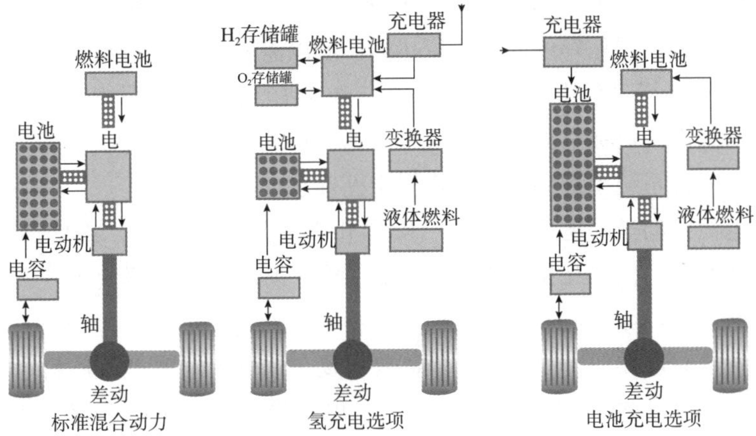

图 7 - 1 各种混合动力汽车概念

基本设计思想是：尽量采用小功率燃料电池以便降低车的成本，而添置辅助功率源，改进车的加速性能、爬坡性能、经济性等。

(1)氢燃料电池汽车结构

燃料电池汽车和电动汽车最相似了，主要的不同在于用燃料电池发动机代替动力电池组，附加供氢系统、氢安全系统。下面介绍这些特别的部件。

1)燃料电池发动机

燃料电池发动机是核心部件，其设计图如图 7 - 2 所示。主要组成部分包括燃料电池堆、供气系统和水处理系统。

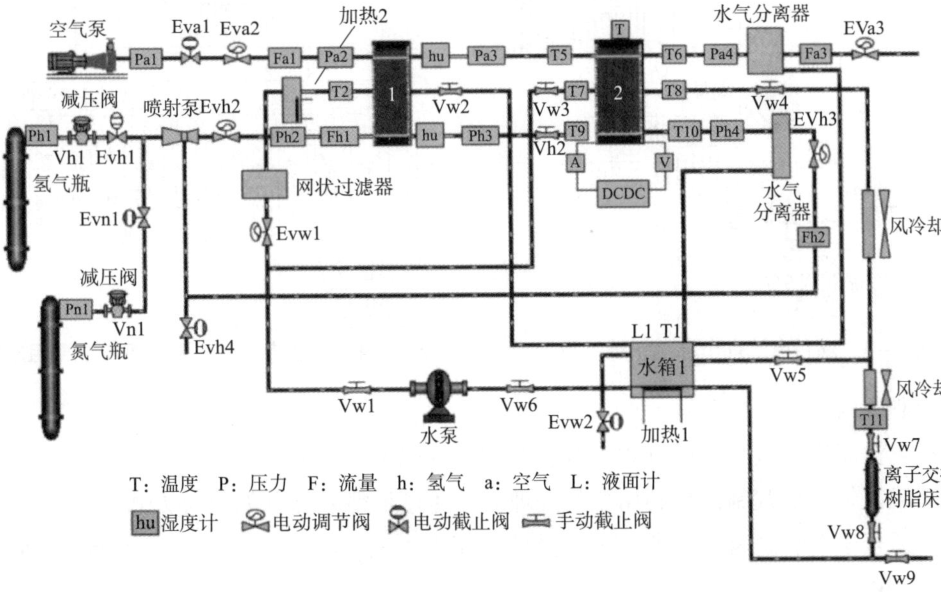

图 7 - 2 燃料电池发动机设计

由图 7－2 可知：储氢瓶中的高压氢气和由空气压缩机提供的空气分别经减压阀、喷射泵、增湿器进入燃料电池，在那里发电，空气尾气直接放空，氢气尾气经气液分离，热交换器后由循环泵混合新鲜的氧气作为燃料进入。可见，H_2 的利用率很高。当大功率燃料电池堆发电时，大约有相等的能量变成热能，所以需要有冷却水系统，保持燃料电池堆在 80℃左右，由于运行过程中，碳材料为主体的燃料电池堆有各种离子溶解于水，使水的电导率增大，这些水又贯穿电池堆的每块单电池，可能给电池堆造成短路。因此对冷却水的要求很严格，通常系统中都用离子交换树脂处理水。

由于燃料电池发动机的功率很大，一般要几十瓦到数百千瓦，因此通常用几个电池堆，经过串联或并联，使之互相连接起来。提供汽车所需要的功率。

2）动力系统

燃料电池发电原理类似于原电池，但需要更复杂的系统。典型的燃料电池车发电系统示意和主要组成部分见图 7－3 和图 7－4。燃料电池堆为动力供给系统，是燃料电池车动力系统中最关键的部分。其内部可分为多个单体电池系统，通过层层堆叠的方式串联组合构成，再将双极板和膜电极组件交叠后嵌入密封件，通过螺杆紧固后拴牢，即构成燃料电池堆。研发低成本、高性能且可批量生产的燃料电池堆是燃料电池汽车研究领域中的重点内容之一。除燃料电池堆外，燃料电池汽车发电系统还包括空压机、增湿器、氢循环泵和高压氢瓶等部分。动力系统内部的高度复杂性也给燃料电池汽车运行的安全性和可靠性带来了极大的挑战。

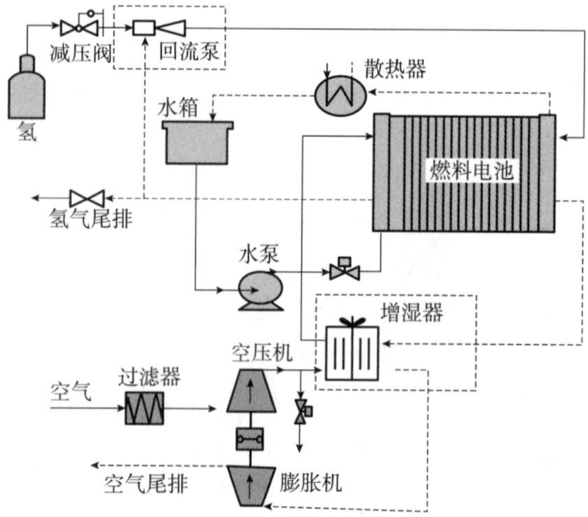

图 7－3　燃料电池汽车发电系统示意

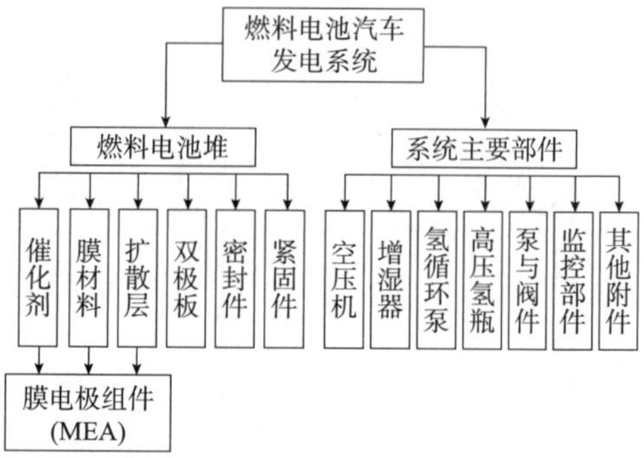

图 7－4　燃料电池汽车发电系统主要组成部分

3）燃料系统

燃料电池车用供氢系统可分为车载制氢和车载纯氢两大类。

①车载制氢。车载制氢是利用燃料处理器，通过重整或部分氧化等方式从碳氢燃料中获得氢。适合于车载制氢的燃料可以是醇类（甲醇、乙醇、二甲醚等）、烃类（柴油、汽油、LPG、甲烷等）。

从技术上看，醇类燃料制氢的温度较低，制氢反应容易实现。其中，甲醇通常被认为是最为合适的车载制氢燃料。

②车载纯氢。目前，氢气存储可通过高压气态储氢、低温液态储氢、有机液态储氢和金属氢化物储氢四类方式实现。其中，车载储氢主要采用高压气态储氢和低温/有机液态储氢(表7-1)。储氢罐取代传统汽车中的内燃机，放置在相应位置上，如底盘中部或后排座椅下方，这样在保障安全的同时也节省了空间。

表7-1 不同储氢方式的对比

储氢方式	储氢质量密度/%	储氢体积密度/(g/L)	应用领域
高压气态储氢	4.0~5.7	约39	大部分氢能源应用领域，如化工、交通运输等
低温液态储氢	>5.7	约70	航天、电子、交通运输等
有机液态储氢	>5.7	约60	交通运输等
金属氢化物储氢	2~4.5	约50	军用(潜艇、船舶等)、其他特殊用途

a. 高压氢气储存。车载高压氢气罐是目前最简单和最常用的车载纯氢储存方法。世界已有的燃料电池大客车示范项目中，几乎无一例外地使用压缩氢气。在燃料电池轿车中，高压氢气也占了大多数。耐高压的储氧压力容器及材料是这种方法的关键。目前可以供应350MPa压力的气体储罐，现在各国燃料电池汽车基本都采用这一方案，使用高压氢气显而易见的好处是，由地面供应H_2，其质量能得到保证，不会发生H_2中的杂质“毒死”燃料电池的严重事故。高压容器的密封性好，只要关闭好阀门，可以保存任意长时间。还有一点也很重要，即高压氢气罐的动态响应特性极好。需要用大量的H_2。将阀门开大点就行。不用则关闭阀门，完全能满足燃料电池汽车的行驶要求。最后高压氢气的加注也特别方便，和现在汽车加汽油非常类似，加注也很快，十几分钟即可加注完毕。其缺点是：由于使用压力罐影响公众接受心理，当然将氢气压缩到高压罐也要花费能量。

b. 液态氢储存。戴姆勒-克莱斯勒公司研制开发Necar4型以及通用公司研制开发的“氢动一号”燃料电池电动汽车均采用液氢为燃料。理论上，在各种储氢方式中，无论是从体积密度还是从质量密度的角度看，只有H_2以液态储存才能达到最高的储存密度。目前，液氢存储的质量比为5%~7.5%，体积容量约0.04kg/L。但是，由于低温容器的热漏损，液氢的生产、储存、运输、加注，以及氢液化消耗大量的能量等问题，大规模在汽车上使用、携带液氢是不可行的。液氢的温度太低了(为-253℃)，即使用目前最好的保温氢罐每天也要有1%的氢因漏热而蒸发。如果不使用这些氢，则在密闭的容器内H_2的压力就要升高。为了保持液氢罐的安全，就要通过安全阀将H_2排出到大气中。

液态氢非常适合短时间使用，如发射航天飞机等。也适合连续不断地长期使用，蒸发的氢马上就用了。不存在排空问题。而对于间断使用交通工具，如家用轿车则不行。

典型的燃料电池氢气系统如图7-5所示，车载高压氢气储存供应系统由储氢瓶组、压力表、滤清器、减压器、单向阀、电磁阀、手动截止阀及管路等组成。高压气瓶均置车顶，既节省空间也增加安全性。

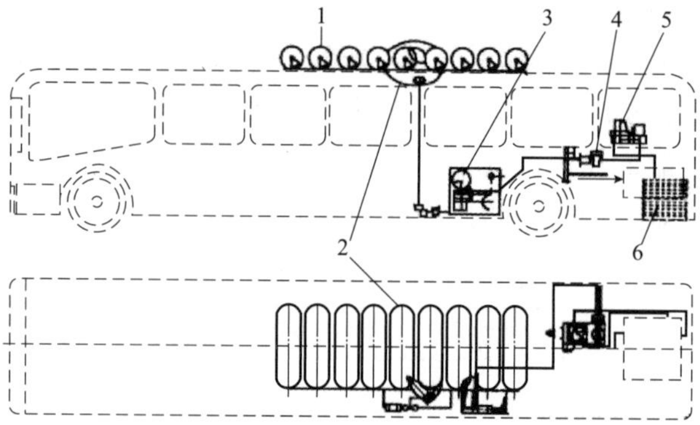

图7-5　车载高压氢气储存供应系统

1—储气瓶组；2—车顶控制气路；3—压力表；4—滤清器；5—减压器；6—燃料电池

氢气储罐通用铝内胆，外缠碳纤维的高压氢气瓶，使用压力可达350MPa，其尺寸从小到大有很多规格，燃料电池公共汽车使用直径约0.4m，长约2m的大罐，而燃料电池轿车则根据车座下面的空间而灵活设计储罐尺寸。

燃料电池的燃料可以直接用氢或用天然气、甲醇等通过车载装置制氢。燃料由加气站补充，就像汽油车的加油站一样，加气所需时间与加油时间大致相同。其续航里程取决于车载燃料的容量。燃料电池的控制系统可以和内燃机汽车、电池车一样。

4）安全系统

燃料电池车氢安全系统包括氢供应安全系统、整车氢安全系统、车库安全系统和其他措施。

①氢供应安全系统。整车的氢供应系统在储氢瓶的出口处设有过电流保护装置，当管路或阀件产生 H_2 泄漏使 H_2 流量超过燃料电池发动机需要最大流量的20%时，过电流保护装置会自动切断氢气供应；在储氢瓶的总出口设计有一个电磁阀，当整车氢报警系统的任意一个探头检测到车内的氢浓度达到报警标准时，将通知司机切断供氢的电磁阀。

②整车氢安全系统。整车氢安全系统包括氢泄漏监测及报警处理系统。一般氢泄漏监测系统由安装在车顶部的储氢瓶舱、乘客舱、燃料电池发动机舱以及发动机水箱附近的4个催化燃烧型传感器和安装在车体下部的1套监控器组成，传感器实时检测车内的氢浓度，当有任何一个传感器检测到的氢浓度超过氢爆炸下限（空气中的氢浓度为4%体积浓度）的10%、30%和50%时，监控器会分别发出Ⅰ级、Ⅱ级、Ⅲ级声光报警信号，同时通知安全报警处理系统采取相应的安全措施。

③氢气传感器。氢气传感器用来监测进入燃料电池的氢气流中氢含量和纯度，理想情况下，氢中应含一些水以防燃料电池元件失灵，同时不能有CO和P。

（2）燃料电池汽车的特点

通过燃料电池的利用，以前的汽油发动机汽车的形象发生了巨大的改变，新概念汽车的优点如下：

1）环境友好性

燃料电池汽车所用燃料气体在反应前必须脱硫，并且燃料电池发电不经过燃烧，所以几乎不排放 SO、NO 等有毒气体，只排放水蒸气。而且纯氢燃料使用的车辆不产生 CO_2 气体。如果用化石燃料来提炼氢燃料，制取过程中 CO_2 的排放也比热机过程减少 40% 以上。

另外，燃料电池通过催化反应将燃料的化学能直接转换为电能，不需要转动组件，所以燃料电池发动机的噪声比普通的内燃机噪声低，例如 P3 燃料电池发动机在 48km/h 时的噪声仅 72dB，而柴油发动机在 48km/h 时噪声达 80dB。

2）操控性

燃料电池汽车的驱动力矩很大，能够满足快速加速应答要求。

3）高效率

燃料电池汽车的能源转换效率高（40% 以上），燃料电池根据电化学原理直接将化学能转换为电能，理论上的能量转换效率可在 90% 以上。由于各种极化的限制，现在实际使用的燃料电池的电能转换效率均在 40% ~60% 。因而，它比其他内燃机的效率高很多。

4）节约空间

采用燃料电池发动机作为汽车的动力之后，燃料电池组、功率控制单元和电动机安装在汽车前部，储氢罐安装在后部底板下面，辅助电池放在行李箱底板下面，结构更加紧凑，因而车内的空间更为宽敞。

虽然燃料电池具有以上优点，但是它也存在以下不足之处：

①氢的易燃易爆性

对氢的制备、存储、运输和供给都要求较高的技术，以确保使用安全性。

②密封要求高

单体燃料电池之间的连接要求很好的密封，否则 H_2 会渗漏到燃料电池堆外，会降低燃料电池发动机效率，同时带来安全隐患。

③成本过高

目前 PEMFC 是应用前景最好的燃料电池。但是它要使用贵金属铂作反应催化剂，并且 Pt 利用率易受 CO 的影响，因而导致 PEMFC 价格居高不下。目前燃料电池发动机的成本为 500 美元/kW，是传统内燃机的 7 倍。

④低温启动性差

凝固性是燃料电池的一个弱点。当汽车停驶之后，燃料电池中会生成水。如果没有去除水分，低温下会结成冰，将损伤聚合物薄膜。此外，燃料系统在 0℃ 以下无法发电。因此，燃料电池汽车在冬季使用时的最大问题是如何使燃料电池堆在 －40 ~ －20℃ 的温度下浸泡了一夜之后，能够迅速恢复活性。

⑤需要配备辅助蓄电池系统

燃料电池发动机可以持续发电，但是却不能充电和回收燃料电池汽车的制动能量。它需要配备辅助蓄电池系统来存储燃料电池富余的电能，并回收燃料电池汽车减速时的制动能。

7.2.2 燃料电池车辆

（1）燃料电池家用汽车

1）质子交换膜燃料电池（PEMFC）家用汽车

PEMFC 可将电极中的氢燃料和氧气通过化学反应产生化学能，进而转化成电能对燃料电池汽车进行能量供给。PEMFC 具有较高的能量转换效率(60% ~70%)、较好的耐低晶性、快速运行的启动模式、良好的使用稳定性和环境友好性等优点，被业界公认为未来燃料电池汽车的最佳能量来源。当前研发的燃料电池汽车对质子交换膜燃料组(堆)的电压要求在 350 ~400V、功率在 30 ~200kW。目前，世界各国政府和各大汽车企业逐渐开始重视和发展 PEMFC 家用汽车，部分汽车企业已经完成 PEMFC 家用汽车的研发工作并尝试将其投入市场。从投入市场的 PEMFC 家用汽车的性能来看，其运行可靠性、环境适用性和续航里程等方面均已达到与传统内燃机汽车相媲美的水平。然而，燃料电池家用汽车商业化进程依旧受到限制，其主要原因是：燃料电池寿命有限、燃料电池系统成本高昂和燃料电池汽车配套的基础设施(加氢站等)不发达等。

2)固体氧化物燃料电池(SOFC)家用汽车

SOFC 是一种在高温(500 ~1000℃)条件下工作，并高效地将燃料和氧化剂转化为电能的全固态化学发电装置。与 PEMFC 相比，SOFC 可选燃料气体种类很多，醇类和烃类等均可作为燃料。该燃料电池无须使用昂贵的铂类催化剂，全固态结构也避免了液体燃料渗透和腐蚀等问题，因此 SOFC 被认为是一种有希望得到推广应用的燃料电池。2001 年 2 月，由 BMW 与 Delphi Automotive System Corporation 合作推出的第一代 SOFC 作为辅助电源系统的燃料电池汽车在慕尼黑问世，其功率为 3kW，电压输出为 21V，其燃料消耗比传统汽车降低 46%。但目前 SOFC 存在诸多缺点，如工作温度高、启动时间长、高温对材料性能要求高、电池部件成本较高、需要额外注意系统密封和热管理等问题。

3)甲醇重整燃料电池家用汽车

甲醇重整燃料电池发电机需先将甲醇气体重整至较低热值燃料气再燃烧供能，其工作原理与氢能源燃料电池汽车类似，区别在于储氢罐需换成甲醇重整器。甲醇和水的混合液在甲醇重整器内部混合后，利用重整器将其转化为富氢重整气，再将其输入膜电极电堆中参与发电，从而给整个汽车系统供能。1997 年以来，戴姆勒 - 克莱斯勒汽车公司陆续推出了 Necar 3、Necar 5(图 7 -6)系列甲醇重整车，力求用甲醇重整燃料取代液氢或纯氢燃料。甲醇燃料电池家用汽车采用甲醇重整气替代储氢罐，汽车的商业成本与甲醇混合液成本及供应源密切相关。目前纯氢燃料电池汽车的制氢成本约为 2 元/(kW · h)，而甲醇混合液成本最低为 0.9 元/(kW · h)。在燃料成本方面，甲醇重整燃料电池汽车占有较大优势。另外，甲醇加注站的建设成本更低，基于国内甲醇生产量和甲醇加注站远多于加氢站的现状、甲醇重整燃料电池家用汽车在未来具有更加广阔的发展前景。

图 7 -6　戴姆勒 - 克莱斯勒汽车公司 Necar 5 燃料电池家用汽车

(2)燃料电池公共汽车

早期，人们对燃料电池和大车结合使用更为关注。这是因为与在小型汽车中安装相比，大设备更适合安装在大车中。而货车公司对此几乎没有兴趣，公交公司成为首批志愿测试燃料电池技术的公司。图 7 -7 所示为典型的燃料电池公共汽车的布局，尾部有电池组，顶部有压缩氢气罐。

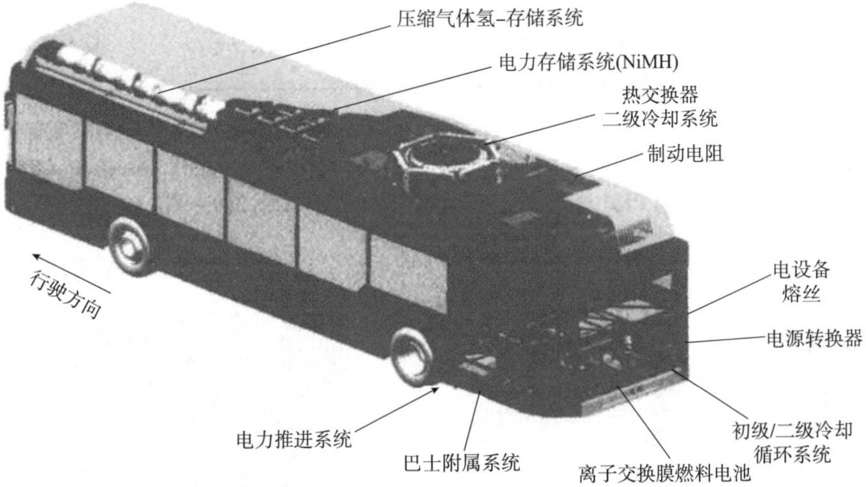

图7－7　典型的燃料电池公共汽车布局

与燃料电池家用汽车相比，燃料电池公共汽车需要更大的输出功率，通常为150kW左右，需要车载更大量的氢燃料(通常在20kg以上)。通常情况下，可以选择将氢气罐置于公共汽车顶部，因此燃料电池公共汽车车载空间更大。顶部空间充足的燃料电池公共汽车无须使用700bar的高压储氢罐来减少空间，一般采用350bar的高压储氢罐即可，该压力下储氢罐的成本和价格更低。此外，由于氢气比空气的密度小，一旦发生爆炸、气流向上走，因此在公共汽车顶部位置安装储氢罐相对较安全。自2008年起，世界各大汽车厂商相继研发和推出氢燃料电池公共汽车(图7－8)，并在日本、英国、美国、韩国和中国等国家展示和使用。与传统的柴油公共汽车相比，燃料电池公共汽车最大的优点是零排放、这对于污染严重和人口密集的城市尤为重要。

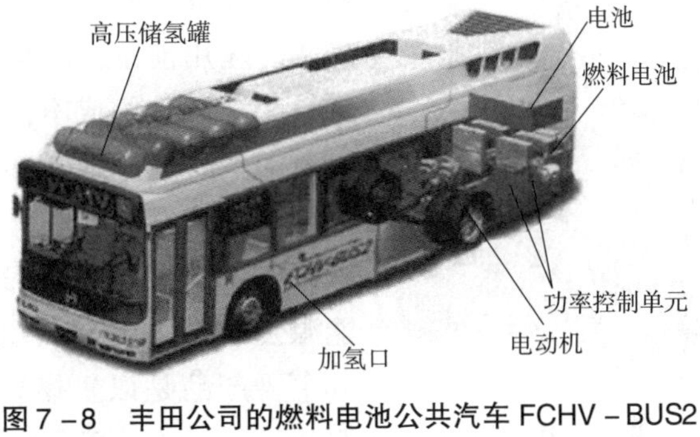

图7－8　丰田公司的燃料电池公共汽车FCHV－BUS2

(3)燃料电池重型卡车

由于重型卡车(简称重卡)应用场景特殊，如港口码头、干线物流等，往往载重量大、路线固定、运输距离较远。虽然纯电动物流货运车已经占据了市场先机，但是由于锂离子动力电池的能量密度低，导致纯电动重卡续航里程短，限制了其发展。而燃料电池能量密度高、绿色环保、续航里程长，因此更适合负载大、行驶距离远的运输领域的重型卡车

(图7-9)。且因重卡整车质量重，需要高功率高扭矩输出，所以燃料电池重卡多为混合型动力结构，混合型燃料电池电动卡车除了燃料电池动力系统外，还配备蓄能装置协助提供动力以及回收制动能量来弥补燃料电池动态响应慢的不足。

目前，国外主要参与燃料电池重型卡车开发的企业有尼古拉、丰田、通用、US Hybrid、Kenworth、UPS、现代等，这些企业对燃料电池重卡的研发情况在一定程度上代表了世界燃料电池重卡发展的风向标。

江铃威龙氢燃料电池重卡如图7-10所示，此车型是我国第一款登上工信部公告的燃料电池重卡。该车首次搭载了大功率型燃料电池系统，实现了裸堆110kW的输出功率。

图7-9　燃料电池重型卡车

图7-10　江铃威龙氢燃料电池重卡

(4)燃料电池多功能车

除了家用汽车和公共汽车外，还有相当一部分多功能车(如物料搬运车、机场地勤牵引车、机场摆渡车、高尔夫球车、草坪维护车和叉车等)也开始采用燃料电池技术。通常情况下，这类多功能车使用铅酸电池。尽管铅酸电池成本低廉、技术成熟，但其存在充电时间长、维修困难等缺点。在使用燃料电池供能后，多功能车运营成本降低、维修需求减少、运营时间增长。

图7-11　燃料电池叉车

在多种多功能车中，燃料电池技术在物料搬运设备(如叉车，图7-11)中具有较为广阔的应用前景。燃料电池可以降低操作和维护叉车设备的成本，不需要定期长时间充电、加水和更换维修部件等日常维护，通常仅需短时间充燃料气体即可，大幅度提高了仓库操作的工作效率(30%～50%)。普拉格能源公司是美国燃料电池的龙头公司之一，其主要产品是以氢燃料电池为动力的叉车，服务于包括沃尔玛在内的北美和欧洲各大企业。安徽合力于2021年研发的首台4～5t氢燃料电池叉车实现了国内该吨位级氢燃料电池叉车零的突破。该叉车燃料电池系统功率高达25kW，峰值功率为55kW，整车性能达到国际先进水平，具有安全高效、免维护、长寿命、适应高低温工作等特性。

(5)燃料电池摩托车和自行车

摩托车和自行车因成本低廉、占地空间小、使用方便等优点在我国等发展中国家占据了较大的市场份额。日本本田汽车公司已经在燃料电池摩托车领域申请了诸多专利。设计中将原有的油箱、引擎部分换为 1.6kW 的燃料电池及其控制器等，座椅下方安装氢燃料罐并配置相关系统。燃料电池摩托车(图 7－12)具有续航里程长、轻便、安全无污染等优势。类似的配置系统也能运用到自行车中，从而设计出燃料电池自行车(图 7－13)。虽然燃料电池摩托车和自行车有很多优点，但目前燃料电池成本较高，车载储氢量不够，加氢站等基础设施尚未普及，这些问题亟待企业和科研单位进一步研究和解决。

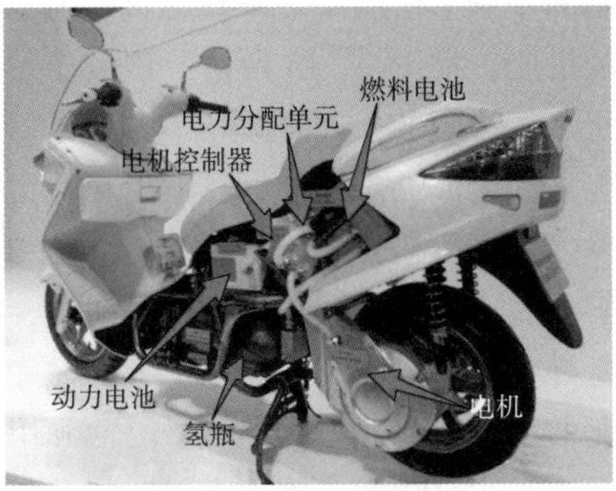

图 7－12 燃料电池摩托车

图 7－13 燃料电池自行车

7.2.3 燃料电池船舶

全世界范围的 14% 的 NO_x 和 70% 的 SO_2 是由海船排放的，为了消除海洋污染和有效地减少碳排放，开发无污染的燃料电池船舶是非常有必要的。

(1)燃料电池动力船舶

燃料电池动力船舶具有以下优点：

1)由于燃料电池效率高，因此降低燃料成本；

2)由于燃料电池维修工作量少，减少了运营成本；

3)由于燃料电池减少噪声和红外污染，对环境有好处。如用于军事，大大提高了船只的隐蔽性。

4)灵活的设计，由于燃料电池动力可以集中布置，也可以分散布置，给设计带来很大的方便。

2018 年 6 月，美国金门零排放海洋公司宣布开始打造世界上第一艘氢燃料电池客轮，以此为全球海上污染问题提供新的解决方法。该船舶由双 300kW 电动机提供船舶运行动力，360kW 的 Hydrogenics 质子交换膜燃料电池和锂离子电池组共同产生电力，采用挪威海克斯康公司的储氢罐并配有意大利萨莱里公司的阀门和硬件，可以提供足够整船运行 2d 的氢燃料。这艘船舶已于 2020 年成功下水，该项目的成功向世界展示了氢燃料电池在商业海运中的优势和前景。

(2)燃料电池潜艇

德国霍瓦兹船厂是潜艇的专业厂家。1990 年，该厂在 209 级 1200 型潜艇的基础上研制 212 级潜艇。这是世界上第一型装备燃料电池(AFC)的 AIP 潜艇。2005 年，装有燃料电池 AIP 的 212A 级潜艇正式交付德国海军服役，这是第一艘正式服役的燃料电池 AIP 潜艇。212A 型潜艇装备了 9 个 34kW 的燃料电池模块，氢源采用金属储氢方案，总输出功率可达 306kW，水下连续潜航时间可在 2 ~3 周。单纯依靠燃料电池 AIP 系统航行时，212A 型潜艇以 8 节航速潜航，可在水下连续潜航 7d。当潜艇以 4.5 节航速潜航时，燃料电池 AIP 系统的续航力可达 2315km，潜航时间长达 278h，堪称常规 AIP 潜艇的代表作。

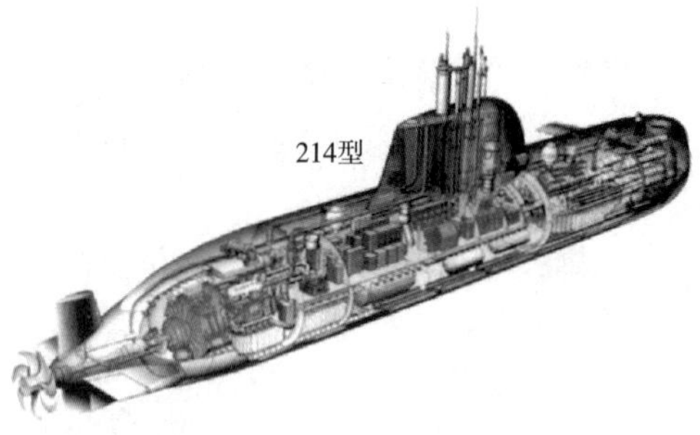

图 7 – 14　214 型 AIP 潜艇

德国针对常规潜艇出口市场，在 212A 型潜艇的基础上研制了 214 型燃料电池动力系统的潜艇，如图 7 – 14 所示。该潜艇装备了 2 组 120kW 质子交换膜燃料电池单元，氢源也采用金属储氢方案，总输出功率可达 240kW，其水下潜航时间达到 21d。在 214 型潜艇之后，德国开始设计大吨位潜艇，以满足世界更多国家海军的需求，提出了 216 型潜艇的设计理念，采用锂离子电池和甲醇重整制氢燃料电池 AIP 系统混合推进，其系统输出功率达 500kW，水下潜航时间延长至 80d 以上。

7.2.4　燃料电池机车

法国铁路制造商阿尔斯通在 2018 年生产了第一辆氢燃料电池动力列车，并在德国下萨克森州投入商业运营(图 7 – 15)。该列车最高时速达 140km/h，最高行驶里程达 1000km。该列车加氢仅需 15min 且功率转化率高，运行使用过程便捷无污染。沿途流动式加氢站为列车提供充足的燃料，可确保列车长时间不间断运行。这使得燃料电池动力列车成为最实用和最环保的交通运输方式之一。

图 7 – 15　氢燃料电池动力列车

7.2.5　燃料电池飞机

目前，燃料电池也广泛应用于航空航天领域，如人们设计出系列以燃料电池为动力的平流层飞艇、无人机等设备。

燃料电池无人机具有绿色环保、低工作温度、低噪声、维护方便等特点，非常适合用于环境监测、战场侦察等领域。美国国家航空航天局设计并制造出燃料电池驱动的无人驾驶飞机“太阳神”，该无人机同时配备了太阳能电池作为辅助动力系统，如图 7 – 16 所示。这架飞机在 2001 年 8 月缔造世界飞行高度的纪录，飞抵 32160m 高空。“太阳神”号外形是一个飞行翼，长 82m，由前面至后面只有 2.6m。两名飞行员在地面可以利用手提计算机遥控它。

设计制造“太阳神”号的美国 Aero Vironment 公司正在发展可重复充电的氢氧能源储存

系统。“太阳神”号将白天多余的太阳能转存至燃料电池以便在夜间使用，实现能在空中飞行几个月时间，提高飞行半径和对偏远地区的侦探。

2009年7月，世界第一架有人驾驶的燃料电池动力飞机在德国首飞成功、如图7－17所示。这架“安塔里斯”DLR－H_2型机动滑翔机可连续飞行5h，航程达750km。该飞机使用的燃料电池动力系统通过氢气和空气中的氧气发生化学反应产生电能，反应产物只有水，没有温室气体产生，燃料电池生产氢燃料的过程也能够使用可再生能源，使得这种飞机实现真正的零排放。

图7－16 无人驾驶飞机“太阳神”

图7－17 “安塔里斯”DLR－H_2型机动滑翔机

2017年初，中国科学院大连化学物理研究所设计制造的燃料电池试验机在东北成功首飞，成为我国首架有人驾驶且以燃料电池系统为动力电源的试验机，如图7－18所示。它是在辽宁通用航空研究院研制的RX1E电动飞机上进行改装，采用大连化学物理研究所研制的20kW氢燃料电池为动力电源，配合小容量辅助锂电池组，储氢方式为机载35MPa氢储罐。这是我国燃料电池技术在航空领域应用的重大进展，也使我国成为除美国和德国外第三个掌握该项技术的国家。

图7－18 以燃料电池系统为动力电源的有人驾驶燃料电池试验机

该试验机在起飞和大速率爬升时由燃料电池和锂电池组共同提供动力电能，在巡航阶段完全由燃料电池提供电能，并为锂电池组充电。此项研究突破了氢燃料电池轻量化、高效水热管理、高可靠机载动力系统集成等多项关键技术。试飞中，燃料电池系统输出性能、安全性、可靠性和环境适应性等全部达到了技术要求，在－20℃低温环境下表现出优良的存放、启动和运行性能。

7.3 燃料电池便携式电源

充电宝是移动式燃料电池电源正在拓展的一个广阔市场。与目前市面上流行的锂离子电池充电宝相比，燃料电池充电宝能量密度更大，待机时间更长，安全性更高，可随身携带进入机舱。最早的商用燃料电池充电宝是2009年10月东芝公司推出的Dynairo，以甲醇作为燃料，电量为11W·h。随后，新加坡Horizon公司、日本Aquafairy公司等也陆续推出了类似产品。虽然燃料电池这种新型的移动式电源还存在一定的局限性，但仍有较大的发展空间。下面介绍两款典型的商业化燃料电池充电宝。

7.3.1 基于水解制氢的燃料电池充电宝

较早实现商业化的燃料电池充电宝是2012年瑞典myFC公司推出的PowerTrekk，如图7-19所示，也是目前出货量最多的微型燃料电池充电宝产品。

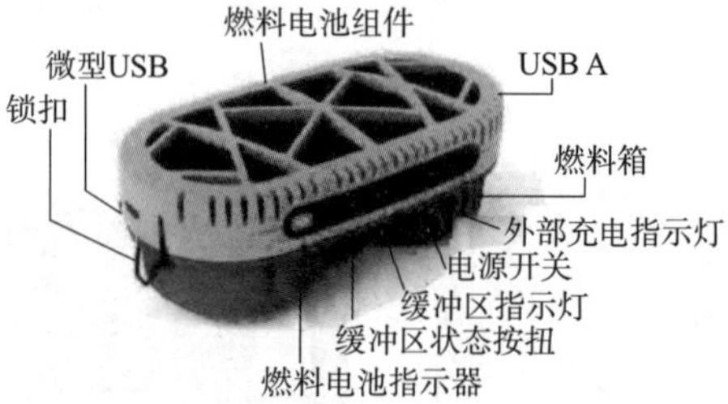

(a) 微型燃料电池充电器

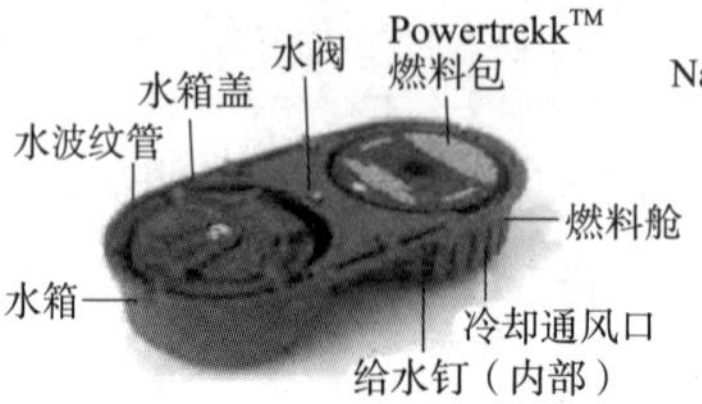

(b) 内部结构

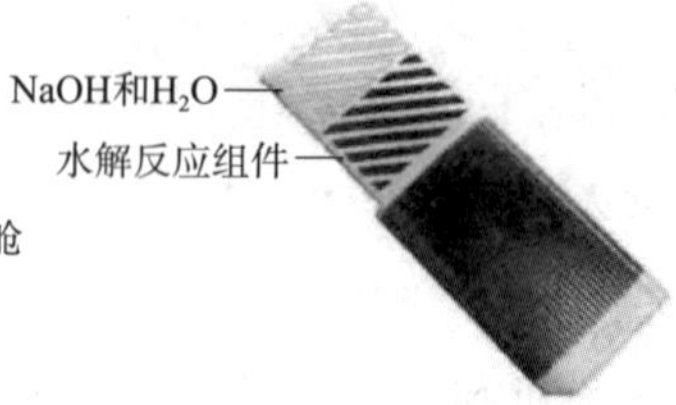

(c) JAQ燃料电池充电宝

图7-19 PowerTrekk微型燃料电池充电宝

PowerTrekk燃料电池充电宝分为3个功能区，包括制氢、发电和储电。它使用了一种固体材料硅化钠(NaSi)作为燃料，该物质本身不含氢，一旦与水接触即可发生水解反应释放H_2，制得的H_2进入PEM燃料电池中发电；另外还配置了一个1500mA·h的锂离子电池储电。PowerTrekk外观尺寸为68mm×27mm×43mm，重241g，燃料包43g，便携性较好。

2014年，myFC公司将PowerTrekk 1.0升级到PowerTrekk 2.0。燃料采用钠硅合金和硼氢化钠的混合物，额定功率由第一代的2.5W升级到6.5W，内置的锂离子电池容量提高到3800mA·h，尺寸不变，质量增加30g。

2015年，该公司推出纯燃料电池模块JAQ产品，燃料盒可提供2400mA·h的电量，可将1部智能手机充满电，如图7-19(c)所示。产品体积比PowerTrekk更小，主机约200g，燃料盒约40g，便携性更好。

国内的同类技术也正在走向市场，如江苏中靖新能源科技有限公司2012年推出了JS-Power便携式氢能发电机，额定功率为4~8W，采用高效复合制氢剂(铝粉、NaOH和催化剂)与H_2O反应制氢，再通过蓄电池供电。

需要关注的是，基于水解制氢的燃料电池电源中，燃料与水反应虽然可产生大量的H_2，但是水解反应是不可逆的，反应产物需要丢弃或者专门回收，大量使用后可能引起新的问题。

7.3.2 基于可逆气固储氢的燃料电池充电宝

2013 年，英国 Intelligent Energy 公司推出一款小体积、低价格的 Upp 燃料电池充电宝，如图 7－20 所示。充电宝外观尺寸为 120mm×40mm×48mm（燃料棒尺寸为 91mm×40mm×48mm），重 235g（燃料棒重 385g），售价 226 美元。

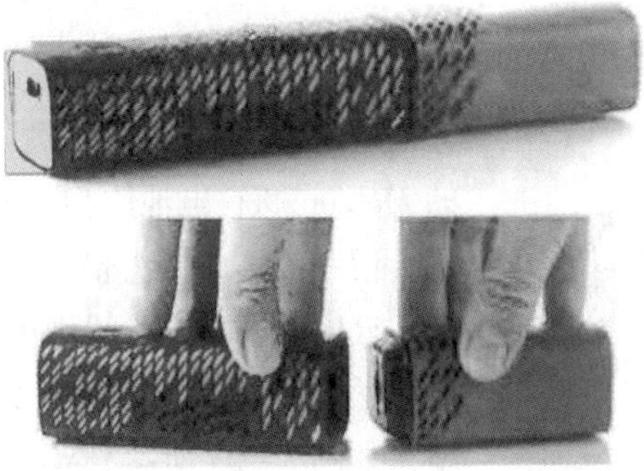

图 7－20 英国 Intelligent Energy 公司推出的 Upp 移动电源

Upp 采用具有可逆吸放氢性能的储氢合金 LaNi5 作为 LaNi5 合金（镧镍储氢合金），每个燃料盒充满 H_2 后，可产生 25000mA·h 的电量，可以为智能手机提供一周的电力，即 900h 待机时间，或 32h 通话时间。Intelligent Energy 公司还得到与苹果公司合作的机会，后者专门为 Upp 开发了应用程序，帮助客户统计使用情况、指示燃料棒更换地点、提供售后服务等。

这款产品的优点是燃料棒可以反复使用，氢用完后燃料棒的更换费用仅 9 美元。但由于没有配套销售家用加氢机，消费者需要去 Intelligent Energy 公司特约的商店更换 Upp 燃料棒，使用便利性还有所欠缺。

7.3.3 手机、数码摄像机及个人数字设备电源

美国 MTI Micro Fuel Cells（MTI Micro）公司致力于燃料电池多功能充电器和外置电源的设计与开发，在燃料电池的微型化和移动应用方面取得了一系列进展。MTI Micro 公司设计开发的 Mobion 便携式燃料电池技术使用 100% 的甲醇和被动水管理系统，设备更加小巧与高效，可通过重复注入燃料甲醇实现对小型电子设备的即时充电，避免了交流插座和大体积充电器的使用，它的大容量可大幅延长电池的工作寿命。

MTI Micro 公司于 2006 年设计出一款 95 W·h 的燃料电池样品，如图 7－21 所示。在不到一年的时间里，该公司陆续开发出不同尺寸的样品，其最新样品总尺寸缩小 60%，且自带一个燃料盒，可为一部手机供电使用约一个月。

MTI Micro 公司为单镜头反光数码相机研发出了手带式燃料电池样品，如图 7－22 所示。该燃料电池所提供的电量是相同尺寸的单反数码相机所用锂电池提供电量的 2 倍。此外，在移动状态下，可通过重新注入燃料甲醇为相机即时供电，这大大地延长了相机的使用时间，从而避免了烦琐的充电过程。

图 7-21　MTI Micro 公司的不同尺寸燃料电池

图 7-22　手带式燃料电池数码相机

图 7-23　内嵌 Mobion 燃料电池的智能手机

MTI Micro 公司根据智能手机的需求推出了小体积的 Mobion 燃料电池原型，其尺寸和手机中的锂电池相同，但厚度增加了 1 倍，它可通过 USB 接口为手机充电，充电时间仅是手机锂电池的 1/8。此外，该公司还设计了一种可内嵌于智能手机中的 Mobion 技术概念模型，如图 7-23 所示。MTI Micro 公司利用 Mobion 技术试制了驱动三星智能手机的燃料电池，该燃料电池可获得约 1.6V 的电压，其中包含 4 个电池单元。

美国摩托罗拉公司与加拿大 Angstrom Power 公司于 2008 年开发出一款效率更高的燃料电池手机，该燃料电池采用氢气为燃料，安装在 MOTOSLVR L7 手机中，在不改变手机尺寸和形状的前提下，该燃料电池的能量是相同尺寸锂离子电池的 2 倍，充电时间仅需 10min。

日本东芝株式会社于 2009 年上市了一款给移动数码产品充电的直接甲醇燃料电池 Dynario，如图 7-24 所示。Dynario 的尺寸为 150mm × 21mm × 74.5mm，重 280g，内置 14mL 燃料容器，20s 即可充满燃料。此外，该电池配置了专用的燃料瓶，只要向燃料瓶中注入甲醇溶液，Dynario 就能通过 USB 接口为移动数码产品充电。Dynario 只需少量高纯度甲醇溶液就能工作，因此产品的尺寸大幅度减小，燃料瓶的质量也有所降低，内部的微型处理器可准确控制电能的输出，通过锂离子电池存储燃料电池释放的电能，从而优化电池的性能。

图 7-24　日本东芝株式会社燃料电池 Dynario

日本日立公司于 2004 年发布了采用燃料电池驱动的个人数字设备，这款设备使用的燃料电池由氢和甲醇的混合物提供能量源。采用该燃料电池，可保证设备持续工作 5h 以上。

7.3.4　笔记本电脑电源

日本东芝公司在 2003 年就宣布，世界首块用于笔记本电脑可以取代锂电池的燃料电池(DMFC)开发成功。这种电池可以和笔记本电脑直接连接，尺寸为275mm×75mm×40mm，质量900g，功率最大20W，最小12W，电压11V，通过更换燃料块获得电力。燃料块有两种型号：50mL(33mm×65mm×35mm)和100mL(50mm×65mm×35mm)，50mL的燃料可以提供5h的电力。以后将有可能取代现在需要烦琐充电的锂电池，但现在仍处于开发阶段。

NEC新推出的原型机笔记本电脑带内置燃料电池，其输出功率密度为40mW/cm^2，平均输出为14W，最大输出为24W。内置燃料电池是通过提供燃料电池功率和开发中的外设技术而开发的，开发中的外设技术可将燃料电池置于PC内。该燃料电池工作电压为12V，工作时间为5h，质量为900g(见图7-25)。

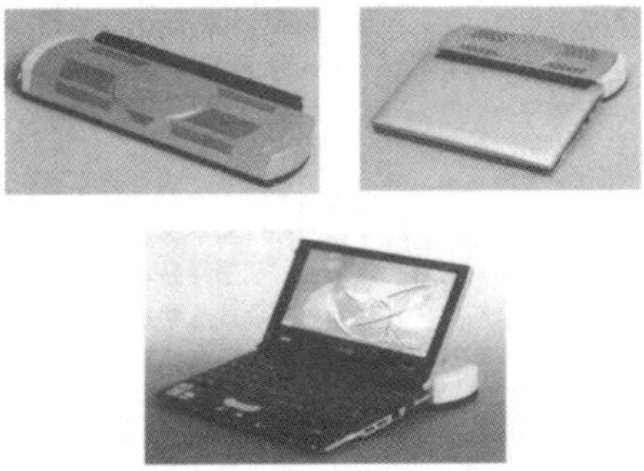

图7-25 NEC新推出的带内置燃料电池的笔记本电脑

7.4 固定式燃料电池发电

固定式燃料电池发电可应用于移动通信基站、家庭或者楼宇供电系统、野战医院、自然灾害应急电源等领域。不同类型的燃料电池均被尝试应用于固定式燃料电池发电系统，包括质子交换膜燃料电池、固体氧化物燃料电池、磷酸型燃料电池等。

7.4.1 移动通信基站用燃料电池发电

当前，多数移动通信基站采用柴油发电机和铅酸电池作为备用电源。柴油发电机存在安装条件受限及环境污染等问题；而铅酸电池能量密度过低，且因含重金属铅和硫酸，在制造和回收过程中有污染问题，因此均不适合用于基站备用电源系统。燃料电池电源系统具有能量密度高、环境友好、过载能力强、比传统电池寿命长、可靠性高、易维护、运行维护费用低等优势，被认为是移动通信基站备用电源的理想选择。按照当前移动通信基站分布的密集程度，功率3～5kW的燃料电池即可完全满足基站备用电源的需求。

德国第三大移动通信供应商E-Plus联手诺基亚西门子网络公司(NSN)建立的新型自给式移动通信基站如图7-26所示。其供能系统包含光伏发电设备、风力发电设备、燃料电池发电系统和蓄电池储能系统等。其中，光伏发电设备由45块光伏模块组成，每个模块的峰值功率为195W，太阳能转化效率为15.3%。风力发电设备的风能通过在桅杆顶部的垂直轴风力涡轮机发电，涡轮机的额定功率为10kW，距涡轮机20m处的噪声仅60dB，噪声污染低。当太阳能和风能发电量不足，且蓄电池的充电状态降低至低于配置值时，发电系统启动氢燃料电池设备发电，因此氢燃料电池被作为备用能源来保障移动通信基站的持续可靠运行。采用Jupiter公司生产的氢燃料电池发电设备，总额定功率为40kW。由2个储氢罐组连接燃料电池发电系统，每组有12个高压储氢罐，当燃料电池单独供电时可以确保系统持续运行至少5d。燃料电池发电系统由控制器、燃料电池模块和储能模块组成。每个燃料电池单元输出电压为48V，输出功率为2kW。

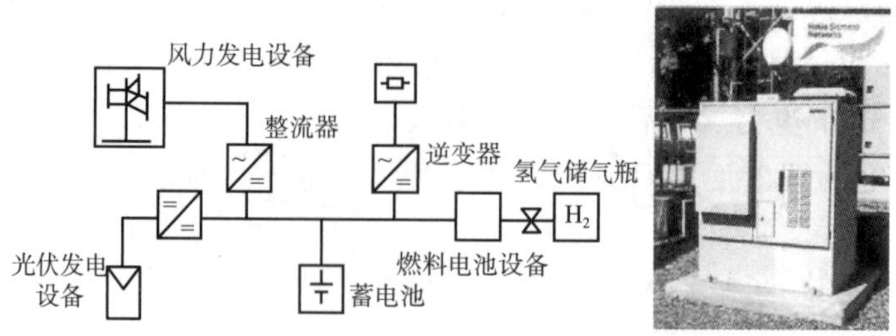

(a) 供能系统结构　　(b) 燃料电池发电系统

图7-26　德国E-Plus联手NSN开发的新型自供给移动通信基站

这一新型自给式移动通信基站供能系统的电能供应数据统计表明，燃料电池年发电量仅占系统总量的8%，不是系统供电的主电源，但是除了风机在一次大雪中出现故障外，该供能系统能够保障通信基站的持续稳定运行，其可靠性相对于多数其他类型的离网供电系统提高很多，同时对环境的影响非常小。

在国内，2011年中国联通即启动了对燃料电池在移动通信建设中试运行的项目。但是由于国内燃料电池价格高、寿命不够长等诸多原因，要达到规模化应用，还有一段路要走。

总的来说，移动通信基站采用燃料电池电源系统发电是未来的一个发展方向，其高效率、高能量密度、小型化、低维护率、低运营成本等优势吸引了电信运营商的高度关注。

7.4.2　燃料电池冷热电联供系统

美国、英国、加拿大和澳大利亚等国频繁发生的大规模停电事故给世界敲响了警钟，人们逐渐认识到传统的供电技术存在严重的技术缺陷。而以燃料电池为基础的冷热电联供系统具有安全可靠、效率高、分散度高和灵活性强等特点，得到了大规模的研究和开发。随着燃料电池技术、微型燃机技术、吸收和吸附式制冷的发展，基于燃料电池与建筑物集成的冷热电联供系统逐渐得到推广和应用。

建筑物的能耗主要来源于建筑物的冷热系统。传统建筑物的冷热系统主要依靠电力驱动、而传统的发电方式主要利用化石燃料的燃烧。然而，化石燃料的燃烧会产生大量的污染气体。另外，传统的火力发电在长距离电能输送中会产生巨大的能量损耗，从而导致低的能量转换效率及严重浪费。而燃料电池的冷热电联供系统能摆脱传统能源的利用方式，提升能量使用效率，从而实现节能减排、可持续发展的目标。

燃料电池冷热电联供系统又称为集成式能源系统，是一种基于燃料电池能量梯级利用的分布式能源系统。该能源系统将氢气或富氢燃料的化学能高效地转化为电能进行发电，从而满足建筑物用电需求、同时在发电过程中产生的余热则通过回收设备[如换热器、吸附式制冷机、吸收式制冷机、余热锅炉等进行回收，并用于建筑物供暖、提供生活热水和空调调节等。燃料电池冷热电联供系统如图7-27所示，包括燃料处理系统、燃料电池系统、电力电子系统和余热回收系统。天然气、水等原料通过燃料处理系统重整为富氢气体，并通过燃料电池系统将化学能转化为电能(直流电)]。这部分直流电可经过外部电子设备转化为商业用交流电供建筑物使用，此过程中产生的余热经过系统回收、储存并转化，可进行居民区供暖。或者通过吸收、吸附式制冷机制冷用于空调调节。

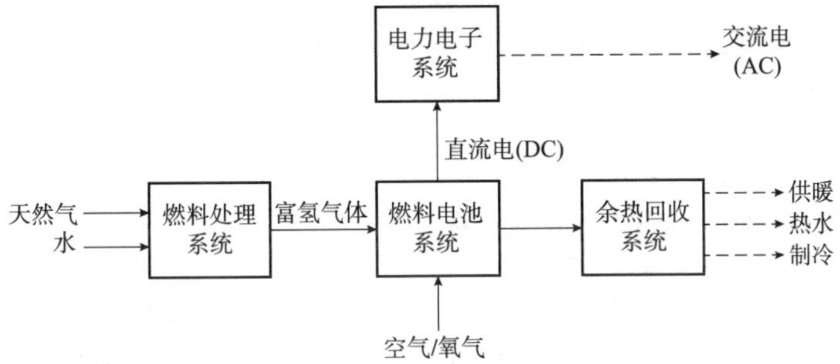

图7－27 燃料电池冷热电联供系统

燃料电池冷热电联供系统具有供电可靠、噪声低、废气排放量低、高效节能和清洁环保等优点，受到了世界各国政府的高度重视。美国的建筑物冷热电联供技术发展较早，早在2001年，为了解决快速增长的能源需求和电力负荷不足问题，美国颁布了国家能源政策，将建筑物冷热电联供系统作为美国的基本能源政策，并制定了详细的实施规划：到2010年，美国5%的已有建筑将改造成为冷热电联供系统，20%的新建商用建筑将使用冷热电联供系统；到2020年，这两项数据分别提升至15%和50%。美国分布式发电联合会预计，在未来20年里发电量将增加20%，达到35GW。俄罗斯和日本在发展建筑物燃料电池冷热电联供系统上也投入了大量的物力和财力。此外，欧盟各国也在普遍使用建筑物冷热电联供系统，该系统占欧盟各国能源系统的7%。我国也非常重视建筑物冷热电联供系统的发展，国家“863”计划设立重大专项用于建筑物冷热电联供系统的研究。国家也规划和实施了一系列示范性工程，如中国科技促进大楼、北京天然气控制中心大楼、上海浦东国际机场和广东番禺南沙科技园等都已经采用冷热电联供系统。从目前的技术来看、建筑物冷热电联供技术还处在发展阶段。其中，固体氧化物燃料电池(图7－28)和熔融碳酸盐燃料电池还处在实验研发阶段，而磷酸燃料电池及热回收技术目前发展较成熟。

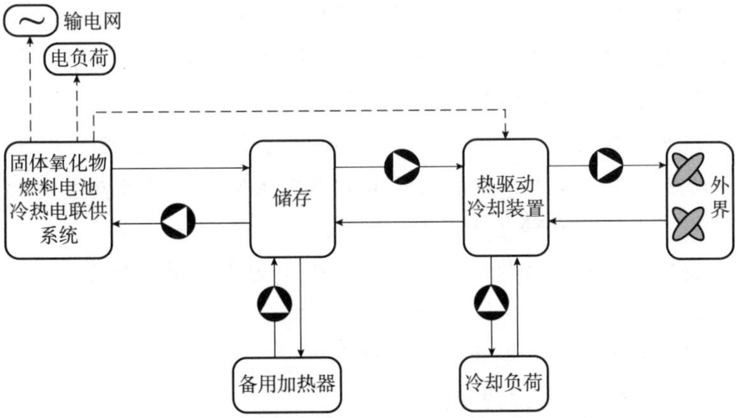

图7－28 基于固体氧化物燃料电池的冷热电联供系统

建筑物冷热电联供系统要被普通用户所接受，除了其能效高、环保等优势能吸引大众以外，尚面临最大的障碍，即经济性。Moussawi 等测算了住宅用 SOFC – CCHP（固体氧化物燃料电池 – 冷热电联产，纯氢为燃料）系统的最大能量转换效率为 65.2%，最低系统成本每千瓦时电约 1.5 元人民币。显然，这个成本价格还不具备竞争力，如何降低 SOFC 和燃料的成本是关键问题。当然，SOFC 可以使用天然气等价廉的燃料，是降低成本的有效方法，但还要依赖于化石燃料，其环保性问题仍然存在。

7.4.3 其他用途固定式燃料电池发电

固定式燃料电池发电可应用于多种场景，如英国阿尔科拉能源公司与德国质子发动机公司合作，在苏格兰北部奥克尼群岛的柯克沃尔港口安装了一套 75kW 的固定式燃料电池系统，为该港口供电。

此外，为了解决弃风、弃光、弃水电造成的电力损失，利用富余的电能电解水制氢，采用储氢的方式把能量储存起来，在电力短缺时使用燃料电池发电，也是值得探讨的能源利用方式。但是整条技术路线的经济性尚需认真分析和思考。

7.5 本章小结

燃料电池具有安全、清洁、高效、噪声低、燃料来源广泛、可模块化组合等优点，在固定电源、便携式电源、交通运输、军事和航空航天等众多领域具有非常广泛的应用前景和巨大的市场潜力。

习题

1. 燃料电池在交通领域应用的主要形态是什么？
2. 氢燃料电池汽车的结构包括哪些？
3. 燃料电池汽车用供氢系统可分为哪两大类？
4. 氢能源存储可通过高压气态储氢、低温液态储氢、有机液态储氢和金属氢化物储氢四种方式实现，试分析这四种方法的优缺点及应用范围。
5. 通过燃料电池在交通运输领域的利用，以前的汽油发动机汽车的形象发生了巨大的改变，利用这些改变分析总结燃料电池车的特点。
6. 当前，无论从技术角度、经济角度还是环保角度来讲，氢燃料电池汽车与纯电动车没有可比性。请结合相关知识分析氢燃料电池车在未来是否具有发展前景呢？
7. 燃料电池动力船舶具有哪些优点？
8. 航空领域造成的温室气体排放迅速增加，航空公司正面临越来越大的“减碳”压力。请结合相关知识分析氢燃料电池在航空领域的应用前景。
9. 常用的固定式燃料电池发电系统包括哪些？
10. 简述移动式燃料电池电源的特点。
11. 微型燃料电池电源包括哪些？
12. 微型燃料电池的难度有哪些？

第 8 章　燃料电池发展现状及前景

8.1　质子交换膜燃料电池

贵金属 Pt 作为 PEMFC 中主要催化剂之一，具有催化性能稳定、催化效率高等优点，但高成本限制了其商业化的快速发展。因此，当前科研工作者一直关心一个重要的问题，即如何在降低贵金属 Pt 催化剂使用量的同时依旧能够保持燃料电池性能的稳定性。目前，随着催化技术的快速发展和搭载型 Pt 催化剂的广泛使用，贵金属 Pt 催化剂的使用量大幅降低。例如，将贵金属 Pt 催化剂均匀沉积在高比表面积的碳纸、碳布表面，这种碳载型 Pt 催化剂中 Pt 含量虽然较少，但 Pt 颗粒分布均匀且催化效率几乎不变，因此其在燃料电池领域具有较大的应用前景。

脉冲电沉积法是在多孔电极上电沉积 Pt 以获得均匀负载的 Pt 催化剂层。研究发现，Pt 催化剂易受到多孔电极的亲疏水性、多孔结构及导电性等方面的影响。另外，该方法制备的催化电极的催化性能在很大程度上受到脉冲参数的影响。因此，采用脉冲电沉积法时，需要对脉冲参数及催化电极材料的成分、配比和尺寸大小等参数进行详细研究。例如，研究者通过研究 Pt 负载量分别为 $0.5mg/cm^2$、$1.0mg/cm^2$ 和 $1.5mg/cm^2$ 的 PEMFC 单体电池的氧电极极化曲线发现，$1.5mg/cm^2$ 的 Pt 催化电极表现出较差的催化活性，这是由于 Pt 含量增多导致电极的电阻增大，同时也阻止了 O_2 进一步到达催化剂活性位点。因此，贵金属 Pt 负载量的降低在一定程度上有利于提高催化剂的催化活性。

8.2　碱性燃料电池

AFC 系统在航天及军用领域中的应用已有诸多成功案例，尤其在航天领域更是如此，未来 AFC 必将在这些领域中继续展示其优异性能。然而，在电动车和民用发电设备方面，与其他类型燃料电池(如 PAFC、MCFC 及 PEMFC)相比，由于空气中的 CO 与 KOH 电解质反应，AFC 需将空气中的 CO 去除，这势必增加设备的体积与成本，因此其竞争力相对较差。近年来，AFC 的相关研究相对减少，但从长远发展来看，随着氢能时代的到来，价格低廉和性能优良的 AFC 系统或许将再次受到人们的青睐。

8.3　磷酸燃料电池

PAFC 在人们的不懈努力下得到了很大的发展，目前 PAFC 已进入商业化的初期阶段，是众多燃料电池中发展最快的一类电池。但是，其距离真正的完全商业化还有漫长的道路，需要解决如何降低成本、提高寿命、缩短启动时间和提高催化剂性能等问题。

例如，降低成本可从以下几方面考虑。首先需降低生产与维持成本。PAFC 的成本主要来自生产、维持和翻新所带来的消耗。削减组装工时数、降低电池原材料价格、扩大使用范围等措施均能减少生产成本。为削减人工成本(约占维持成本的 50%)，在电池系统配置时需考虑其维护的简便性、可靠性，实现远距离监视及实施预防保全措施等。其次，采用有机废物制备燃料气是降低成本的不错选择。PAFC 对燃料气体纯度要求不高，因此可以用污染物制备燃料气，这样不仅可以保护环境，而且可以将污染物转化为可利用的燃气。一般的污染物气源有啤酒工厂生物气源、污泥消化生物气源、垃圾转化的生物气源及废甲烷。最后，做好 PAFC 发电系统的热利用是降低成本、提高效益的有效办法。例如，日本已将 PAFC 发电系统所产生的热能应用于写字楼、工厂、公寓、学校、饭店、能源中心、通信设施及医院等场所。

总之，PAFC 因其独特的优势而被广泛应用，其发展速度也极其迅速，但是只有解决自身存在的问题，才能真正地实现商业化。

8.4　熔融碳酸盐燃料电池

目前，全球专家学者对 MCFC 的关键材料与技术已经进行了广泛而深入的研究，并且在这个过程中涌现出很多出色的技术开发商。尽管 MCFC 已经取得了较好的研究进展，但是因 MCFC 制造成本较高、燃料气利用率较低等问题限制了其进一步发展。基于此，对 MCFC 未来的发展提出展望，具体如下。

8.4.1　降低成本

目前，MCFC 发展进入综合试验阶段，试验系统的规模从 250kW 到 2MW。但是，这些系统比较复杂，制造成本较高。通常采用单位功率的成本来定义系统成本，用户可根据该指标衡量是否使用该系统，制造商也可用它来估算投资额。在计算 MCFC 的制造成本时，硬件和工程等成本基本是确定的，但是也存在一些无法确定的外部因素(如厂址选择、地域性价格等)。

8.4.2　提高性能

单电池和电池堆性能通常由能斯特方程、欧姆极化和电极反应极化共同决定。其中，热力学因素是由燃料电池反应系统本身决定的，它受外部条件影响很小，一般不用于优化电池性能。相比之下，欧姆极化和电极反应极化可通过改进电极设计和优化制造工艺等方式来改善，从而达到提升电池性能的目的。例如，减小电极厚度，可使两电极的欧姆损耗在原来的基础上再降低 50%。另外，也可通过适当升高工作温度减小或消除电极极化，但是与阳极极化相比，减小阴极极化的可能性更大。

8.4.3 电池堆网络化

电池堆网络化是20世纪90年代出现的技术。在常规MCFC系统中，电池堆对反应气体来说通常是并联的，然而在电池堆网络化设计中，电池堆是串联的。通过在电池堆之间增加相对较冷的氧化气体，可以大幅度降低MCFC系统的冷却需求。

总之，MCFC利用煤制天然气、沼气等作为燃料，通过电化学反应将这些燃料中的化学能转换成电能，从而满足全球范围内对电力能源的需求。因此，MCFC具有较好的实际应用前景。

8.5 固体氧化物燃料电池

目前，SOFC的发电技术还未达到低成本、高效率的商业化应用阶段。SOFC的功率不同，其应用领域也有所不同。低功率的小型SOFC可用于便携式设备领域；中等功率的SOFC系统可应用于交通运输、家庭用微型热电联供系统和军事领域等；大型SOFC技术可以用于化工、冶金及大型设备供电系统。

通常1～10kW的SOFC系统可用于家用电器供电，如果达到一定的技术和经济指标，这种SOFC系统将有相当大的潜在市场。但是，目前SOFC系统最大的应用市场是分布式发电和热电联供，主要用于柴油机和小型涡轮机，输出功率为10kW到几兆瓦。当SOFC功率超过1MW后，可增加涡轮机发电的效率并减少污染物的排放。当大型SOFC系统与燃气涡轮机有效组合后，其燃料转化为电的效率甚至可高达70%。因此，通过确定合适的SOFC应用领域，提高系统的稳定性和寿命，并降低系统的成本是非常重要的。

综上所述，SOFC系统作为一种绿色高效的发电装置，具有较大的潜在应用市场，可用于从几十瓦的小型便携式发电设备到大型兆瓦级别的发电系统，并且在未来大型储能领域也具有广阔的应用前景。提高SOFC的供电水平和供电稳定性，并降低其生产成本将是SOFC未来的发展方向。

8.6 直接甲醇燃料电池

近年来，DMFC的研究发展极为迅速，一些关键科学问题已得到解决。与氢能相比，DMFC在制备及价格方面具有显著优势，在便携式电源中表现出较好的商业化前景。然而，目前DMFC的性能还远低于氢气燃料电池，其应用范围也有一定的局限性。根据电池固有的特点，DMFC适用于对能量密度要求高但功率密度要求低的领域，如平均功率只有几瓦但需要保持长时间工作的电子设备。这样的设备很多，包括手机、交通系统、监视器及传感设备等。

在能源设备中，DMFC的主要竞争对手是可充电电池，尤其是目前发展比较完善的锂离子电池。为保证其竞争优势，需要大幅度提升DMFC的性能。首先应解决DMFC的能量密度问题，即在单位体积内DMFC可以供给的能量。在便携式移动设备中，体积能量密度往往比质量能量密度更重要。对于DMFC，甲醇的密度较小，因此能有效提高单位体积的能量，进而提高整个能源系统的能量密度。

为了使 DMFC 具有更高的功率和效率，DMFC 通常还需要附加一些辅助系统。虽然很多控制器都是小型部件，但这些器件的引入使电池体系的体积能量密度大幅度降低。目前，常用的解决方法是将超级电容器或可充电电池与 DMFC 进行并联，从而保证体系兼具高的能量密度和功率密度。然而，该系统需要在电极边缘预留封闭及通气管道等额外的面积，这又会在一定程度上降低整个系统的空间利用率。电池的另一个重要性能参数是电池效率，它是指电池的电能与理论能量的比值。甲醇的质量能量密度为 5.54kW·h/kg，密度为 0.792kg/L，经计算可得其体积能量密度为 4.39W·h/cm^3。但在实际情况中，这些能量不能全部进行转换。DMFC 的效率经计算为 27%，再加上燃料的利用率，最终 DMFC 的总效率为 22%，DMFC 的实际体积能量密度约为 1.0W·h/cm^3。因此，为实现 DMFC 的大规模商业化应用，应进一步提高整个器件的能量密度、功率密度和电池效率。

8.7 本章小结

本章介绍了几大典型类型燃料电池目前的发展现状及前景，并对部分未来发展趋势进行了展望。

习题

1. 质子交换膜燃料电池目前发展最大的困难在哪？
2. 碱性燃料电池目前发展如何？
3. 磷酸燃料电池还需要解决哪些问题才能实现商业化？
4. 固体氧化物燃料电池的应用领域都有哪些？

参考文献

[1]衣宝廉，俞红梅，侯中军等．氢能利用关键技术系列 - 氢燃料电池[M]．北京：化学工业出版社，2021：1 - 20.

[2] M. Rikukawa，Sanui K. Proton - conducting polymer electrolyte membranes based on hydrocarbon polymers. Progress In Polymer Science，2000，25：1463e502.

[3]M. Y. Kariduraganavar，R. K. Nagarale，A. A. Kittur，S. S. Kulkarni. Ion - exchange membranes：preparative methods for electrodialysis and fuel cell applications. Desalination 2006，197：225e46.

[4]J. T. A. Zawodzinski，M. Neeman，L. Sillerud，S. Gottesfeld. Determination of Water Diffusion Coefficients in Perfluorosulfonate Ionomeric Membranes. Journal of Physical Chemistry. 1991，95：6040.

[5]J. Peron，A. Mani，X. Zhao，D. Edwards，M. Adachi，Properties of Nafion NR - 211 Membranes for PEMFCs. Journal of Membrane Science. 2010，356：44 - 51.

[6]S. Cleghorn，J. Kolde，W. Liu. Catalyst Coated Composite Membrane. In：W. Vielstich，A. Lamm，H. A. Gastegier，editors. Handbook of Fuel cells：Fundmentals，Technology，and Applications. Fuel Cell Technology and Applications，vol. 3. New York：John Wiley & Son，2003. p. 566 - 575.

[7]S. Gottesfeld，T. A. Zawodzinski. Polymer Electrolyte Fuel Cells. In：R. C. Alkire，H. Gerischer，D. M. Kolb，C. W. Tobias，editors. Advances in Electrochemical Science and Engineering，vol. 5. New York：Wiley - VCH. 1997.

[8]Jr. T. A. Zawodzinski，C. Lopez，R Jestel，J Valerio，S. Gottesfeld. A comparative Study of Water Uptake By and Transport Through Ionomeric Fuel Cell Membranes. Joumal of the Electrochemical Society. 1993，140：1981.

[9] K. D. Kreuer. On the complexity of proton conduction phenomena. Solid State Ionics，2000，136 - 137：149 - 160.

[10]D. J. Kim，M. J. Jo，S. Y. Nam. A review of polymer - nanocomposite electrolyte membranes for fuel cell application. Journal of Industrial and Engineering Chemistry，2015，21：36 - 52.

[11]T. Fuler，J. Newman. Experimental Determination of the Transport Number of Water in Nafion 117 Membrane. Journal of the Electrochemical Society，1992，139：1332.

[12]S. Motupally，A. J. Becker，J. W. Weidner. Diffusion of Water in Nafion 115 Membranes. Journal of the Electrochemical Society，2000，147：3171.

[13]T. V. Nguyen and R. E. White. A Water and Heat Management Model of Proton - Exchange - Membrane Fuel Cells. Journal of the Electrochemical Society. 1993，140：2178 - 86.

[14] S. Gottesfeld，T. A. Zawodzinski. Polymer Electrolyte Fuel Cels. In：R. C. Alkire，H. Gerischer，D. M. Kolb，C. W. Tobias，editors. Advances in Electrochemical Science and Engineering，5. New York：Wiley - VCH，1997.

[15] F. N. Buchi，G. G. Scherer. Investigation of the Transversal Water Profile in Nafion Membranes in Polymer Electrolyte Fuel Cells. Journal of the Electrochemical Society，2000，148(3)：A181 - 188.

[16] R. S. Jeo，J. McIBreen. Transport Properties of Nafion Membranes in Electrochemicaly Regenerative Hydrogen/Halogen Cells. Joumal of the Electrochemical Society. 1979，126(10)：1682.

[17] Z. Ogumi，Z. Takehara，S. Yoshizawa. Gas Permeation in SPE Method. Journal of the Electrochemical

Society. 1984, 131: 769.

[18] D. M. Bernardi, M. W. Verbrugge. A Mathematical Model of the Solid – Polymer – Electrolyte Fuel Cell. Journal of the Electrochemical Society, 1992, 139: 2477.

[19] 郝明晟，李印实，何雅玲．质子交换膜燃料电池催化层模型研究进展与展望．科学通报，2022，67（19）：2192 –2211.

[20] R. L. Sun, Z. X. Xia, X. L. Xu, R. Y. Deng, S. L. Wang, G. Q. Sun. Periodic evolution of the ionomer/catalyst interfacial structures towards proton conductance and oxygen transport in polymer electrolyte membrane fuel cells. Nano Energy, 2020, 75: 104919.

[21] M. K. Debe. Electrocatalyst approaches and challenges for automotive fuel cells [J]. Nature, 2012, 486 (7401): 43 –51.

[22] M. Kim, J. N. Park, H. Kim, S. Song, W. H. Lee. The preparation of Pt/C catalysts using various carbon materials for the cathode of PEMFC. J. Power Sources, 2006, 163(1): 93 –97.

[23] T. R. Ralph, M. P. Hogarth. Catalysis for Low Temperature Fuel Cels, Part I: The Cathode Challenges. Platinum Metals Review, 2002, 46(1): 3 –14.

[24] F. Uribe, T. Zawodzinski, J. Valerio, G. Bender, F. Garzon, A. Saab. Fuel Cell Electrode Optimization for Operation on Refomate and Air. In: Proc. 2002 Fuel Cell; Lab R & D Meeting. Golden, CO: DOE Fuel Cels for Transportation Program, May 9, 2002.

[25] Z. Qi, A. Kaufman. Low Pt Loading High – Performance Cathodes for PEM Fuel Cels. Journal of Power Sources, 2003, 113: 37 –43.

[26] G. Sasikumar, J. W. Ihm, H. Ryu. Dependence of Optimum Nafion Content in Catalyst Layer on Platinum Loading. Journal of Power Sources, 2004, 132: 11 –17.

[27] D. Friebel, V. Viswanathan, D. J. Miller, T. Anniyev, H. Oga sawara, A. H. Larsen, C. P. O' Grady, J. K Nørskov, A. Nilsson. Balance of nanostructure and bimetallic interactions in Pt model fuel cell catalysts: In situ XAS and DFT study. Journal Of The American Chemical Society, 2012, 134(23): 9664 –9671.

[28] Z. Z. Cheng, S. Liao, W. P. Zhou, G. S. Luo, H. F. Huang. Straightforward synthesis of chemically ordered Pt3Co/C nanoparticles by a solid phase method for oxygen – reduction reaction [J]. Ionics, 2021, 27(6): 2553 –2560.

[29] G. M. Leteba, Y. C. Wang, T. J. A. Slater, R. Cai, C. Byrne, C. P. Race, D. R. G. Mitchell, P. B. J. Levecque, N. P. Young, S. M. Holmes, A. Walton, A. I. Kirkland, S. J. Haigh, C. I. Lang. Oleylamine aging of PtNi nanoparticles giving enhanced functionality for the oxygen reduction reaction [J]. Nano Letters. , 2021, 21 (9): 3989 –3996.

[30] D. Wang, H. L. Xin, R. Hovden, H. Wang, Y. Yu, D. A. Muller, F. J. DiSalvo, H. D. Abruña. Structurally ordered intermetallic platinum – cobalt core – shell nanoparticles with enhanced activity and stability as oxygen reduction electrocatalysts. Nature Materials, 2013, 12(1): 81 –87.

[31] A. Alinezhad, T. M. Benedetti, L. Gloag, S. Cheong, J. Watt, H. S. Chen, J. J. Gooding, R. D. Tilley. Controlling Pt crystal defects on the surface of Ni – Pt core – shell nanoparticles for active and stable electrocatalysts for oxygen reduction. ACS Appllied Nano Materials. , 2020, 3(6): 5995 –6000.

[32] K. Sasaki, K. A. Kuttiyiel, R. R. Adzic. Designing high performance Pt monolayer core – shell electrocatalysts for fuel cells. Current Opinion in Electrochemistry, 2020, 21: 368 –375.

[33] C. Chen, Y. J. Kang, Z. Y. Huo, Z. W. Zhu, W. Y. Huang, H. L. Xin, J. D. Snyder, D. G. Li, J. A. Herron, M. Mavrikakis, M. F Chi, K. L. More, Y. D. Li, N. M. Markovic, G. A. Somorjai, P. D. Yang, V. R. Stamenkovic. Highly crystalline multimetallic nanoframes with three – dimensional electrocatalytic surfaces [J]. Sci-

ence, 2014, 343(6177): 1339 – 1343.
[34]S. P. Chen, M. F. Li, M. Y. Gao, J. B. Jin, M. A. van Spronsen, M. B. Salmeron, P. D. Yang. High – performance Pt – Co nanoframes for fuel – cell electrocatalysis[J]. Nano Letters, 2020, 20(3): 1974 – 1979.
[35]D. Banham, S. Ye. Current status and future development of catalyst materials and catalyst layers for proton exchange membrane fuel cells: an industrial perspective[J]. ACS Energy Letters, 2017, 2(3): 629 – 638.
[36]Z. Li, M. Song, W. Y. Zhu, W. C. Zhuang, X. H. Du, L. Tian. MOF – derived hollow heterostructures for advanced electrocatalysis. Chemical Reviews, 2021, 439: 213946.
[37]X. X. Wang, S. Huang, Y. Pan, K. Chen, Y. He, S. Karakalos, H. Zhang, J. S. Spendelow, D. Su, G. Wu. Ordered Pt3Co Intermetallic nanoparticles derived from metal – organic frameworks for oxygen reduction. Nano Letters, 2018, 18(7): 4163 – 4171.
[38]D. Singdeo, T. Dey, P. C. Ghosh. Contact resistance between bipolar plate and gas diffusion layer in high temperature polymer electrolyte fuel cells. International Journal of Hydrogen Energy. 2014, 39: 987 – 995.
[39]X. L. Wang, H. M. Zhang, J. L. Zhang, H. F. Xu, X. B. Zhu, J. Chen, B. L. Yi. A bi – functional micro – porous layer with composite carbon black for PEM fuel cells. Journal of Power Sources, 2006, 162(1): 474 – 479.
[40]C. Lim, C. Y. Wang. Effects of hydrophobic polymer content in GDL on power performance of a PEM fuel cell. Electrochimica Acta, 2004, 49(24): 4149 – 4233.
[41]V. M. Truonga, C. L. Wanga, M. K. Yanga, H. Yang. Effect of tunable hydrophobic level in the gas diffusion substrate and microporous layer on anion exchange membrane fuel cells. Journal of Power Sources, 2018, 402: 301 – 310.
[42]M. F. Mathias, J. Roth, J. Fleming, W. Lehnert. Difusion Media Materials and Charac – terization. In: W. Vielstich, A. Lamm, H. A. Gastegier, editors. Handbook of Fuel Cells, Fundamentals, Technology and Applications. Fuel Cell Technology and Applications, New York: John Wiley & Sons, 2003, 3: 517 – 37.
[43]C. H. Hung, C. H. Chiu, S. P. Wang. Ultra thin gas diffusion layer development for PEMFC. International Journal of Hydrogen Energy, 2012, 37(17): 12805 – 12812.
[44]刘博．质子交换膜燃料电池电堆结构优化设计与动力学性能研究[D]．大连：大连理工大学，2018：5 – 14.
[45]王苗，曹婷婷，曲英雪，米新艳，崔新然，张克金．燃料电池电堆设计开发关键技术．汽车文摘，2020，10：57 – 62.
[46]C. H. CHEN, S. P. JUNG, S. C. YEN. Flow distribution in the manifold of PEM fuel cell stack. Journal of Power Sources, 2007, 173(1): 249 – 263.
[47]WANG J Y, WANG H L. Discrete method for design of flow distribution in manifolds[J]. Applied Thermal Engineering, 2015, 89: 927 – 945.
[48]LIM B H, MAJLAN E H, DAUD W R W, et al. Numerical a – nalysis of flow distribution behavior in a proton exchange membrane fuel cell[J]. Heliyon, 2018, 4(10): e00845.
[49]HUANG F X, QIU D K, LAN S H, et al. Performance evalu – ation of commercial – size proton exchange membrane fuel cell stacks considering air flow distribution in the manifold[J]. Energy Conversion and Management, 2020, 203: 11225.
[50]史枫烨．不锈钢双极板复合碳膜改性及低温环境特性研究[D]．杭州：浙江工业大学，2019：4 – 6.
[51]U. S. Department of Energy. Fuel cell technical team road-map[R]. New York: U. S. Drive Partnership, 2017.
[52]K. E. Cooke, J. Hamsphire, W. Southall, et al. The industrial application of pulsed DC bias power supplies in closed field unbalanced magnetron sputter ion plating. Surface and Coating Technology, 2004, 177 – 178:

789 – 794.
[53]胡仁涛．磁控溅射类石墨碳膜金属双极板的研究[D]．深圳：深圳大学，2019：6 – 7.
[54]F. G. Boyaci San，G. Tekin. A review of thermoplastic composites for bipolar plate applications[J]．International Journal of Energy Research，2013，37(4)：283 – 309.
[55]弗朗诺．巴尔伯．PEM 燃料电池：理论与实践[M]．李东红，连晓峰，译．北京：机械工业出版社，2016：78 – 82.
[56]BELALI – OWSIA M，BAKHSHI – JOOYBARI M，HOSSEINIPOUR S J，et al. A New Process of Forming Pin – Type Pattern[J]. The International Journal of Advanced Manufacturing Technology，2015，77(5/6/7/8)：1281 – 1293.
[57]J. Wang. Barriers of scaling – up fuel cells：Cost，durability and reliability. Energy，2015，80：509 – 521.
[58]CHEN S，XIA Z，ZHANG X，et al. Numerical studies of effect of interdigitated flow field outlet channel width on PEM fuel cell per-formance[J]. Energy Procedia，2019，158：1678 – 1684.
[59]KUMAR R R，SURESH S，SUTHAKAR T，et al. Experimental investigation on PEM fuel cell using serpentine with tapered flow channels. International Journal of Hydrogen Energy，2020，45(31)：15642 – 15649.
[60]沈俊．基于强化传质的燃料电池流场优化及水热管理研究[D]．武汉：华中科技大学，2018.
[61]EBRAHIMZADEH A A，KHAZAEE I，FASIHFAR A. Experimental and numerical investigation of obstacle effect on the performance of PEM fuel cell[J]. International Journal of Heat and Mass Transfer，2019，141：891 – 904.
[62]GHANBARIAN A，KERMANI M J. Enhancement of PEM fuel cell performance by flow channel indentation [J]. Energy Conversion & Management，2016，110：356 – 366.
[63]WANG X，QIN Y，WU S，et al. Numerical and experimental investigation of baffle plate arrangement on proton exchange membrane fuel cell performance. Journal of Power Sources，2020，457：228034.
[64]LI W，ZHANG Q，WANG C，et al. Experimental and numerical analysis of a three - dimensional flow field for PEMFCs. Applied Energy，2017，195：278 – 288.
[65]TSENG C J，HEUSH Y J，CHIANG C J，et al. Application ofmetal foams to high temperature PEM fuel cells[J]. International Journal of Hydrogen Energy，2016，41(36)：16196 – 16204.
[66]AZARAFZA A，ISMAIL M S，REZAKAZEMI M，et al. Comparative study of conventional and unconventional designs of cathode flow fields in PEM fuel cell. Renewable and Sustainable Energy Reviews，2019，116：109420.
[67]CARTON J G，OLABI A G. Three - dimensional proton exchange membrane fuel cell model：comparison of double channel and open pore cellular foam flow plates. Energy，2016，136：185 – 195.
[68]ATYABI S A，AFSHARI E. Three – dimensional multiphase model of proton exchange membrane fuel cell with honeycomb flow field at the cathode side. Journal of Cleaner Production，2019，214：738 – 748.
[69]WANG B W，CHEN W M，PAN F W，et al. A dot matrix and sloping baffle cathode flow field of proton exchange membrane fuel cell[J]. Journal of Power Sources，2019，434：226741.
[70]CHEN H，GUO H，YE F，et al. Modification of the two – fluid model and experimental study of proton exchange membrane fuel cells with baffled flow channels[J]. Energy Conversion and Management，2019，195：972 – 988.
[71]FAN L，NIU Z，ZHANG G，et al. Optimization design of the cathode flow channel for proton exchange membrane fuel cells[J]. Energy Conversion and Management，2018，171：1813 – 1821.
[72]Zhang G，Xie B，Bao Z，et al. Multi – phase simulation of proton exchange membrane fuel cell with 3D fine mesh flow field[J]. International Journal of Energy Research，2018，42(15)：4697 – 4709.